Bonjou

點

作者/ 許詠翔

美味

美味，不一定是配方，
但一定來自於記憶的感動！
　　　　　　──許詠翔

U0023456

Contents

除了好吃，還有故事的麵包

與 Michael 相識超過十五年了，從相識進而熟稔，與他是一種對彼此手藝的惺惺相惜，我總期待他來剪髮時攜來一袋麵包，一口咬下黃澄澄的扎實感，經過咀嚼而在口中散開的自然香氣美味，我能感覺他對麵包的熱情，彷彿他是指揮家，正演奏一場關於麵包甜點的美味樂曲。他的麵包除了好吃，還有故事。

九二一當時是有限電措施的，那一陣子看見他總是帶著黑眼圈，細問下才知道為了堅持新鮮及品質，他常常搶在晚上九點後連夜趕工，直到隔天清晨；我們總是開玩笑地說，為了那最新鮮美味的麵包，必定要清晨就去排隊。幾天後，卻傳來讓我吃驚的消息；他在精神不濟狀態下，手不小心攪進機器中，差點連命都丟了，驚險萬分。直到現在，只要看見他的右手，我都會回想起這段為所愛而堅持的故事，記得他那令人感動又不捨的執著。

我不太吃甜食，卻選擇請他為自家的 Hair salon 設計伯爵茶布丁，只因希望客人上門時，能有美味伴隨改變髮型的好心情；當他將作品送到我面前時，我迫不及待嚐了一口；布丁綿密的口感與恬淡適中的茶味融合得恰到好處，令人不捨得開口說話，只想靜靜品嚐，難怪店中的客人常常如此安靜。

後來看見了他正在製作甜點的相片，眼裡所散發出來的目光是一種輕盈卻溫暖的專注，嘴角帶著上揚的弧度，手中的麵粉自信灑落，好像正在與甜點們溝通，告訴它們的美味可以使每個人展開笑顏，任務重大。這樣，還有誰能拒絕他的美味呢？

麵包好吃不簡單，認真的堅持，更不簡單。我們都一樣，都希望透過自己的雙手給予別人溫度，更要滿足每個人對於幸福的想像與慾望。所以，仔細地將這本書讀完，也用自己的雙手，做個麵包，向幸福甜蜜出發吧！

髮型師
吳依霖

推薦序二
單純的感動
....

夢想是野心？是目標？還是只是壓力而已……，許多已經達陣的人，你回頭問他一堆「為什麼？」的問題，他可能只能說出其中的百分之一不到。

其實每天都要跨步向前進，有夢想的人只是多想一點怎麼走，或許會有走錯路的時候，那麼沿路走回到出發的地方，再走！

夢想本來就是不斷修正的過程，沒有人能預料終點在哪裡！

看著麥克前輩許詠翔先生，朋廚從基隆來台北的第一年，再到跨足香港的過程，或許是需要心臟夠大才能撐得住壓力，或許在他心中這是必要的結果。每次的轉折看似挫折，但其實是為了進入下一個成長的蛻變。

夢想帶領著觸及他身邊所有的人成長，當然成長最多的是他自己本身。人們常說心量有多大，事業就有多大，當他知道自己必須承載那麼多人的生活時，不得不調整自己的心態，為的不是配合大家的腳步，而是如何站在更高的視野看待這一切，丟掉不必要的心理包袱，走得更穩更輕快。

你可以說做麵包或許不需要什麼遠大夢想，但是就看你要做什麼樣的麵包，給什麼樣的人享用；回想到最初因你的麵包而感動的人，足以讓你一直欣喜下去，不斷的創造夢想，只為那單純的感動！

唐和家和菓子創意總監

吳蕙菁 EMILY WU

從基隆出發，往夢想前進

認識詠翔已經很久很久，在他還不叫詠翔的時候……

高中時期的他，給我的印象是「安靜」，和其他同學相較，我已經算是較常和他聊天的人；高中畢業後，雖然很長一段時間沒有碰面，但從其他同學那裡，知道他決定學做麵包、到日本當學徒。第一時間知道時，我很驚訝，因為從未聽他提過這個夢想，而他在人生關鍵點做了這個選擇，一定很辛苦，但我也相信，他一定可以憑著堅定意志和熱情，跨過許多挫折，完成自己的夢想。

後來有一天，太太跟我說，基隆廟口附近開了一家很好吃的麵包店，不同於傳統的台式麵包，而是混合日式、法式的口味。某日，正好路過，於是進店裡想參觀一下，沒想到，正好遇到老闆，而老闆正是他。

這麼多年再相見，除了欣喜更是讚嘆，他真的成功了，成功的圓夢！而且，他把第一家店開在自己的故鄉——基隆。聽他說著在日本奮鬥學習的故事，以及回台灣開店的艱辛，包括怎麼讓「朋廚」從基隆出發，往台北前進，他眼神中所流露出的閃閃亮光，那種感覺我懂，他做的是麵包，而我努力的則是另一個領域，但我們都一樣，希望這座城市更好。

當選市長後，和詠翔碰面的機會並不多，但每次見面，他總是跟我說：「有需要幫忙的，一句話！」能有這樣的同學，我感到非常驕傲，不只是因為他的麵包好吃，而是他用自己的行動去愛這個地方。而當他用甜蜜、浪漫改變基隆，我能做的則是讓更多人看到基隆的改變，就讓我們一起努力吧，同學！

基隆市長
林右昌

推薦序四
那美好的仗，他不曾缺席！

初識 Michael，是因為不相信在五星級飯店門外，台灣還能找到有法國味道的麵包店，然而我卻真的在台北街頭找到了！更為好奇的，是何等有勇氣的黑馬，敢接受這樣的挑戰，在長久以來始終喜歡軟麵包的台灣烘焙市場，領先風氣賣歐式硬麵包。

那張沉靜的臉不但讓我看到深邃的智慧，也毫無掩飾的印證了孤獨，雖然他有最忠誠的兄弟一起創業打拼，最死心塌地的團隊緊緊跟隨，大眼睛中依然閃耀著捨我其誰、戰地先鋒的寂寞。

果不其然，細細聆聽眼前這個狂戀麵包的職人訴說 Bonjour 的創業故事，眼眶中洶淚、心上滴血，水淹、重傷、退租，一重一重的風波打擊相繼而來，所有最嚴厲的考驗，持續啃噬著他，竟沒有燃盡他的信心，他一而再的用堅毅印證，自己是站得起來的勇士。

喜歡 Michael 家的麵包，不僅是因為他們家麵包好吃，也為了那不遜於歐洲、日本的整體包裝設計深深吸引著我；這是 Bonjour 品牌的最大特色，也是台灣業者素來忽略的，卻是足以展現國家競爭力的強大聲明。

有句話我一直埋藏心中，始終沒有對 Michael 說出來，我好想替消費者謝謝他，感念他多年來與引以自豪的團隊們如此努力，讓老外在台北街頭也可以嚐到有國際感的麵包。直到這本朋廚拓荒史出版，我終於忍不住將手搭上他的肩頭，像母親般慈祥的安慰，那美好的仗你已打過，我知道，你仍不歇不止，持續奮戰，孩子，辛苦了！

美食家
胡天蘭

ご出版おめでとうございます

東京製菓学校を卒業されてから、早20年を過ぎました。その間に何度かお会いする機会がありましたが、いつも前向きな姿勢と素敵な笑顔を見ててくれた "マイケル氏（許詠翔氏）" が今日に至るまでの歩みを皆様に紹介する本を出版されるとのうれしい知らせに際し、心よりお慶び申し上げます。様々な困難や大怪我にも負ける事の無い不屈な精神と常に明るく前向きに取り組むことで、夢を実現出来ることをこの本に出会った人たちは皆感じることでしょう。自分の成功を驕ることなく自然に振り返ることが出来る事、皆様に感謝の気持ちをこのような形で伝えようとする姿勢が何より素晴らしいことと思います。東京製菓学校の校歌に「菓子は人なり」という文言がありますが、彼は文字通りこれを実践している一人だと思います。現在台湾のみならず香港にも出店されたと伺っておりますが、これからも沢山の方々がお菓子やパンを通してつながっていくことでしょう。おいしいお菓子やパンはおなかを満たすだけのだけではなく、心も満たすものと信じています。美味しいお菓子やパンのある幸せな世界がいつまでも続くことを祈りたいものです。

纏まりの無い話をしてしまいましたが、最後にマイケル氏の益々のご活躍と「ボンジュール」のご発展、又この本に出会った方々のご健康とご多幸を心よりお祈り申し上げます。

東京製菓学校・校長
梶山浩司

推薦序六
Making a dream a reality
·····································

In this book, Michael takes us on his personal journey to making a dream a reality. We learn that challenges can be overcome and that we are stronger than we thought we could be. A must read for anyone who has a dream that matters to them...

International Performance coach
and co-author of the best selling business book
"Secrets to Winning"
《財星》五百大企業高績效教練

卜凱莉 Kelly Poulos

咀嚼幸福滋味背後的底蘊

第一次詠翔吸引我的注意力，是在我和我的指導教練共同創造的「要贏沒有祕密」工作坊裡，這個兩天的工作坊跟我們所寫的書同名，目的是將我們在領導力發展領域，操練了二十年以上的績效指導和參與者分享，希望能支持大家更輕鬆自在的創造高績效、高滿足的成果和人生體驗。

當我們請參與者自我介紹時，我發現詠翔的工作室總共有三位一起來參加工作坊，包括他自己、他的合夥人以及他的烘培師，當下深受感動。從他在整個課程的參與和分享，可以看出他是一個很有愛心、企圖心，在自己的專業領域裡追求卓越的品質，對自己的理想鍥而不捨，對團隊充滿了鼓勵，甚至創造大家一起學習的機會，整合團隊的願景、標準和目標。不但如此，詠翔每天還為全班同學準備他精心烘培的麵包。

讓我深感佩服的是，他曾經因手臂捲入攪拌器，差點面臨截肢的風險，即便挑戰重重，也沒有放棄他的熱愛。

對詠翔的認識，讓我放慢每一口的咀嚼，想透過細心品嚐這幸福滋味背後，所有的努力和熱情。

工作坊之後，我特地造訪詠翔的麵包店，滿屋的麵包香，用心的陳設與對來客的親切招呼，讓我對詠翔更加欣賞。因為他賣的不只是麵包，而是很有誠意的分享多年來的精心作品，每一個作品裡都充滿了巧思、心意。

我迫不急待的問最拿手，最暢銷的是哪些口味？詠翔這位謙虛、內斂的翩翩型男靦腆的答道：「我們專注在『基本款』，想把大家熟悉的簡單風味做到最好，所以堅持用料品質、用心製作，雖然簡單，但做到最好！」——品嚐之後，果真讓我體驗到這些從小吃到大的基本款，在詠翔的催化下，有著更勝一籌的美味，那麼自然卻又齒頰留香！

對於詠翔的信念和哲理，我深感認同，不論是個人專業甚至大到企業、社會，通常要將簡單的事做到最好是非常不容易的。這是日復一日的堅持、用心專注於卓越、理想，才能培養出的「底蘊」。有這樣的底蘊，才會有細膩的氣蘊和優雅的呈現。

詠翔這個人，本身就讓我有這種氣蘊的體驗，這也反應在他的公司和作品裡。不禁讓我想起一首歌的歌詞：讀你千遍也不厭倦！

亞洲總裁級企業教練
劉維萍 Emily Liu

-Part-

1

.

麥香中，藏著溫度

私下被稱為「鬼老師（おにせんせい）」
的仁瓶利夫，有著一貫嚴肅的神情，當
他走進教室，空氣彷彿跟著凝凍成冰，
一股蕭殺氣氛油然而生。

他發自丹田的低沉有力聲響：「有沒有
人吃過法國麵包？」

眼神銳利掃過四方，全班沒人敢回答，
靜默到聽得見彼此刻意壓抑的喘息。

緊接著問：「要怎麼吃出法國麵包的美
味？」還是沒有人舉手……

前言

麥香中，藏著溫度

⊃ 父親嘴裡沒說的答案

一個悠閒午後，買著剛出爐的法國麵包，順手帶瓶紅酒，騎著單車到可以遠眺城鎮美景的高處，一面品嚐嘴中滋味，一面低吟心中愛的詩句。

這是仁瓶老師想要聽到的回應。

仁瓶利夫的神態讓我想起父親，父子倆不多話，可也不生份，同樣一臉嚴肅內斂，實則內心充滿無限關愛的形象。

一家之主的義務就是讓全家大小吃得飽穿得暖，那種微妙情感，每回都在餐桌上表現出父執輩的親熱。

父親因為報關行的工作，在我的童年時期無法時常相伴，就用食物作為問候，小時候飯碗裡老是堆滿滿，一桌子的好菜讓我明白父親對我的疼愛。

從商的父親對於獨子的志向當然有諸多意見，家中經營貿易運輸公司，父親預見即將成為夕陽工業，因此不建議我從事這一行，但也不同意我走向烘焙這一途。

他的工作經常得應付黑白兩道，需要八面玲瓏的交陪，身段要軟、智慧要高，哪邊都不能有所得罪，要是換成是我，完完全全招架不住啊！

但我有自己的道路，烘焙始終是筆下擬定的路線規劃，繞成心頭的鄉愁。

「兒子，你真的想學做麵包？這是一條很辛苦的路啊！」母親眼神充滿掛慮，認真的望著我。

「這輩子，就是這條路了！」我篤定的回答，於是高中畢業後，飛往日本追夢。

父親自始自終都反對我進這一行，儘管我最後終究選擇了不同的方向，遠離原先期盼的航道，他還是默默叮囑母親聯繫日本親戚，打理我的落腳處。

知道他依然在後方看顧我，就算我飛得再遠再高。

直到臨終前一刻，我從日本學校趕回來，長途飛行座艙裡無法安眠，雙眼纏滿紅絲，許多畫面在腦海盤旋。

記憶中始終沉默的父親，是否諒解了我？是不是還在埋怨我沒有遵照他的意見？報關行現在如何了？不在的這段日子，他們過得好嗎？……

小時候，曾跟著父親在基隆港，看著一艘艘貨輪進出港口，搬運卸貨點交，堤防下的兩個身影，一個拿著啤酒，一個喝著彈珠汽水，夕陽逐漸把天色與海岸線染成橘紅色，我們有時笑鬧的對話，有時安靜看著時間在眼前的流變。

「爸爸以後帶你坐船好不好？」「好，我要到很遠很遠的地方！」

「爸爸你想去哪裡？以後我們一起去！」遠處的海潮聲響淹沒了我的思緒。

「爸！我回來了！」把親手做的紅豆麵包，送給躺臥床榻的他品嚐。

過去他從不吃我試做出來的麵包，那一刻他吃了，還是一貫的表情，不同的是這次他的眼睛散發出柔和的疼惜，一個父親對兒子的疼惜，嘴裡的咀嚼，已經肯定我一路僕僕風塵帶回來的成績。

他從不說支持我的話，可是這次，我彷彿聽見他默默肯定的答覆。

15

藏著溫度的麥香，裡面包裹著一切幸福滋味。

ↄ 尋找記憶的原鄉滋味

不同於父親，母親對於我的喜好有著更多的包容。

喜愛吃麵包的她，常常帶我逛麵包店，小時候我問母親：「為什麼來這裡買麵包？」「因為沒有添加香料啊！」那股自然的麵包香氣，成了我最熟悉的幼時記憶。

媽媽體質敏感，吃到香料麵包就會過敏，甚至產生胃脹氣；那時台灣烘焙技術還不夠成熟，無法隨時買到好吃又不脹氣的麵包。

由於外婆是北海道人，長住東京，媽媽總藉著探親名義出國，從日本一次帶回好多麵包，親朋好友都笑她「是個不愛名牌包，卻愛買麵包的傻女人！」沒想到「麵包魂」早已深植在家族基因裡。

說到外婆，就不能不提她的魔法麵糰。

外婆很少回來台灣，每次回來會在家中住上幾個禮拜。

大概是我四、五歲的記憶，有一次我吵著要吃甜點，剛忙碌完的媽媽正在休息，無暇顧及我正餐以外的貪食，「不是剛吃飽嗎？為什麼還吵著吃什麼呢？」

外婆看見我不發一語的癟嘴，就跑進廚房裡，輕輕用手招呼我，像是要我趕緊跟上前去。

陽光透過紗窗照進屋內，化成一片朦朧的鵝黃，只見她找齊麵粉、雞蛋、糖等材料，麵粉像濾紙般被篩得細緻綿密，雞蛋輕巧地發出俐落的碎裂聲響，彷彿上演著一場聲光演奏的好戲，看得我目不轉睛。

接著就在乾淨的餐桌上和起麵來，形成一個黃色麵糰，接著拿起早期玻璃啤酒瓶，撕掉標籤即成麵棍桿，將麵糰桿成薄餅皮，再用啤酒瓶蓋壓膜，接著起鍋油炸，炸完後沾著糖粉，當我吃到成品時：「天啊！怎麼這麼特別、這麼好吃？這根本就是我的魔法阿嬤！」

小時候一直以為外婆會變戲法，像是偶爾入住我們家的天使，帶來許多美味和溫暖。

長大了才知道，外婆是個烘焙家，運用日常材料發揮巧思，可以把神奇黃色麵糰變成「甜甜圈（Donuts）」，這個魔幻時刻啟發了我，讓我深信烘焙彷彿帶有魔法一般，可以讓人開心滿足。

當我第一次動手揉麵糰、製作麵包的時候，那個陽光和煦的下午就會在我腦中重現，外婆慈愛的招手、雙手沾染麵粉、吃到甜甜圈的開心情景。

奠基於母親對麵包的原味挑剔、外婆的神奇甜甜圈，日後漸漸對麵包有了要求，除了增進烘焙知識、實作練習，更持續累積品味。

二十年前，當台灣高中學業完成之後，動念前往日本進修，最終捨棄了喜愛的廣告、室內設計，選擇了烘焙之路，一切源自於小時候的味蕾記憶。

我的烘焙學飛之旅，家人始終給我最好的依靠，不管做了什麼決定，他們的雙眼依舊充滿溫情，期望我能走上夢想之途。

一直以來，以為天使總是遠遠望鄉，沒想到原來就在身邊。

如果再問我一次，是否還會選擇這條路？

就像仁瓶老師的問話，答案已不再需要用言語訴說。

藏著鄉愁的麥香，裡面包裹著一切幸福滋味。

我的烘焙學飛之旅，家人始終是我最好的後盾。

-Part-

2

_____

學習職人烘焙精神

拿起畚斗、掃把,很快就把教室裡外的
地板打掃乾淨了。

森田助教問我:「你確定有掃乾淨嗎?」
我點點頭。

他嚴正道:「姿勢、態度都不對,簡直
亂掃一通!」

「依照你的方式,只能清理看得見的垃
圾,但是看不到的灰塵呢?」

做麵包，先從掃地開始

看到老師穿著乾淨整潔的制服，做麵包的眼神、態度跟手勢，舉手投足之間發散一股不可言說的魅力，那份自信宛如自然天成，想到自己往後也可以成為其中一員，就感到萬分興奮。

「沒錯，就是這裡！」心中篤定地對自己說。

一九九二年，我到日本念書，真正見識到所謂的職人精神。

日本念書負擔不小，還好親戚提供寄宿，讓我不必太過擔心住宿花費問題，可以好好專注烘焙技術的熟成。

一有空閒，我會興奮地走訪日本街頭各家特色麵包坊，感受到在這裡經營一家麵包店，就好像經營一種生活態度，進一步發現當地人相當尊重烘焙業，視烘焙職人為藝術家，做麵包就像從事藝術創作，因此加深我投身烘焙的決心。

當時語言學校念完之後，隨即進入《東京製菓學校》報讀，學校分科非常仔細，有和菓子、洋菓子、麵包本科，洋菓子跟和菓子是兩年學制，我選讀一年學制的麵包科。

承襲日本傳統的製菓學校，不僅講求技術面的步驟、原物料的選材、設備器具跟環境都要符合高規格高品質，乃至對自身的尊重及要求，都有著神聖不可侵犯的態度。

日本烘焙師對技藝的尊崇，無形中奠定了我的信念。

此外，學校邀請許多校外名師作為客座講師，視烘焙教育為一份傳承藝術的偉大志業，完全符合我心目中的烘焙殿堂

「就是這裡！」我大聲吶喊著。

班上四十幾人只有我來自台灣，日本人不因國籍或年齡而有差別待遇，全都一視同仁，包括打掃這件事。

從小到大都有清理家居的經驗，這當然不成問題。當我第一天被分配到打掃時，很快就掃完了。

後來森田助教問我：「你確定有把地掃乾淨嗎？」他重新教我兩手拿著掃把，一步一步有韻律的清掃，用心體會掃把滑過地面的聲音，想像灰塵慢慢聚攏，再用虔誠的動作掃除地面的垃圾，也掃盡內心的污垢。

唯有姿勢、心態都正確了，才是真正的掃地。

沒想到打掃環境的姿勢反映出態度，原來我們可能只是在「完成一件事」，若是忽略了內心層次的「灑掃拂拭」，再怎麼努力都是徒勞無功。

森田助教要我用兩手掃地，雖然較為吃力，掃除的動作變得扎實，連帶使心情沉澱下來；如果只用單手打掃，就體會不出這份深沉的功夫。助教其實才大我幾歲，卻特別為我上了這一課，帶我愉快的領會這層道理。

因為純粹喜歡和興趣，踏上這條學習之路，即使如此，心中仍多少有些顧慮，直到發現學校的老師與助教，對於自身職業的認同跟尊重，讓我體會出，當你投入一件事情的時候，唯有肯定與尊重自己，就算是打掃，也是件值得驕傲的事情。

Ə 手感吐司隨堂考

「我自己的手完全控制不了麵糰啊！」

「天啊！麵糰完全黏住了呀！」驚呼聲此起彼落，每個人的手心額頭都是汗。

學校有著完善的機具設備，可是有一堂隨堂測驗，要求我們親手揉麵糰，不可以使用機器代工，半天之內做出一條吐司。

「機器可以做到的事，為什麼要用手揉？還拿來當作測驗？」大家私下嘀咕著，彷彿這是件浪費時間的事。

一對一的考試過程，才發現手裡的麵糰極具黏性，讓人難以掌控，甚至搓揉到滿頭大汗，麵糰在手中不受控制，好像陷入泥沼一般，越是用力越往下沉，手中的麵糰差點就要覆滅，讓身心漸漸逼近臨界點，但前方的老師不斷地向你喊話：「加油，快好了，再往前走！」

繼續揉麵當中，我感受到麵粉在手中的變化，筋性慢慢出來了，越揉越能發現麵粉延展的力量，不一會就從麵糊變成了麵糰，這種突然間改變的觸感，透過手心傳遞到內心，才感知到原來麵糰也有生命與態度。

後來終於把麵糰弄起來，做成吐司，接著送進發酵箱發酵、烘烤、出爐，通過考試的那一刻我才瞭解，不管什麼樣的麵糰，最後終將送入烤箱，重要的不是烘焙是否成功，而是藉由考試過程，讓我們體驗到麵糰在手中的微妙轉化。

藉由這個「不簡單」的隨堂測驗，讓我往後製作麵包的過程，能用心感受麵糰在攪拌缸裡頭發生的狀況，毫無感知的機器一直攪動著，可是具有生命力的麵糰卻持續在改變。

如果沒有親手感受過那份微妙的力量，只是用機器打發、眼睛觀看，又該如何體悟麵糰裡頭的神奇祕密？

♫ 臭氣薰人的神奇酵母

「這個酵母菌怎麼那麼臭？簡直可以媲美臭豆腐了？」

「臭豆腐是什麼？」

「就好比聞起來像大便，嚐起來卻很美味……」

課堂中學習到如何培養天然酵母，用麵粉、德國全麥粉和水，再加入一點蜂蜜，培養過程需要密封保存，維持恆溫與安定，偶爾打開攪拌一下，讓酵母菌可以呼吸，竟意外發現這個麵種非常臭，差不多第三天就已經醞釀成故鄉臭豆腐一樣的味道，讓人禁不住捏著口鼻。

一個禮拜過後，發現酵母除了冒起泡泡，還散發出更為濃郁的發酵臭味，那時候全班都十分恐懼得繼續餵養它。

後來使用德國麵種製作麵包，烘烤中飄散出來的氣味同樣又酸又臭，同學都偷偷說那是大便的味道，大家只好全部跑到教室外面，我卻覺得比起臭豆腐，還差上一大截呢！

烘烤出爐後，聞起來還是臭的，可是品嚐時卻有不一樣的甘美滋味，令人覺得運用天然酵母菌製作出的口味異常獨特，不管是放涼或是第二天再品味又是不同的感受，可說氣息隨時隨地都在進化。

原來厚實、沉重的德國麵包，其實不是當下烤完即食，經得起長效保存，正因為發酵本身產生一種酸素，能抑制其他菌種的滋生，等同於天然的防腐效果，只要注意低溫乾燥的保存環境，就能維持一到兩個星期都不容易腐壞，令人驚覺烘焙師的聰明手法，臭氣薰人背後的智慧。

課堂裡不只有實務面向的操作，老師也講述飲饌歷史，不同氣候造就不同的烘焙文化，像是德國屬於寒帶國家，和四季分明、物產豐饒的法國、義大利不同，正因為酷寒的德國沒有豐富的物資，做不出法國嘉年華式的美味呈現，所以德國麵包一向給人的印象就是厚實、沉重，搭配香腸、燻肉這類醃漬物，能夠達到有效囤積與長期保存的功效，呈現出不同的飲食概念。

之前聽說德國人擅以裸麥（黑麥）製作主食麵包，過去物資缺乏的年代，

「沒錯，就是這裡！」一九九二年，我到日本念書，開闊了我的視野。

沒想到這種食物也代表了當時的社會階級。

法國人覺得裸麥是雜草，屬於低階作物，可是德國人就會想盡辦法變作食物，做成黑麥麵包。以現代觀點看來，越天然越顯珍貴，十分符合健康食物的理念，可說翻轉了歷史上的污名詮釋。

黑麥麵包極硬，牙齒稍壞的根本咬不動，所以切成薄片，雖然僅是小小的薄片，還是需要多次咀嚼，搭配德國乳酪，反而更能吃出它的美味。

任何食物的美味都是從咀嚼開始，再好吃的東西，如果只是囫圇吞棗，很可能錯失本質的甘美，而這份回韻的甘甜，絕對值得好好咀嚼。

所以，一般坊間的速成麵包，跟善用發酵技巧的烘焙職人做出來的麵包，口感絕對是不同的，好的麵包極為耐嚼，咀嚼過程能讓這份美好的享受持續下去，讓人希望食物在口中停留得久一些，捨不得把它吞下去的「耐嚼」，令人再三玩味。

我多希望和你分享這份耐嚼的滋味。

ㄥ 藉餃子打開人際關係

「許君同學的漢字寫得相當漂亮,同學要多多向他學習!」

十多年前還沒有數位相機或智慧型手機,老師不准同學複印,想要吸收與複習,全得靠手抄功夫。

沒想到,寫好一手漢字也能得到筆記冠軍。

課堂上抄寫筆記,有時老師興之所至講得飛快,完全聽不懂,就會問問隔壁同學,一次、兩次還可以,問多別人也就氣惱了。

「要是不會烘焙日文,就不要來念書嘛!」一句無心的回話,讓我十分受挫,也懊惱自己怎麼連課堂日文都聽不懂,因此懷有莫大壓力。

由於上課與測驗評比採分組制,對六人小組來說,日文並非我的母語,無形中成為其他組員的負擔。

這件事情凸顯出人際關係的經營,我很快甩開負面情緒,換個正面角度思考,為什麼不向他們私下請益?除此之外,應該有另一種更好的交流方式才對!

當時台灣正值哈日潮,到了日本以後,竟發現中華文化早已深植日本民間,像是漢字筆記、筷箸用膳等,讓我以身為華人為榮。

同時發覺日本流行吃餃子,街巷到處都是販賣煎餃、餃子、中華料理的店家。突然靈機一動,趕快打越洋電話向母親求救:「水餃怎麼做啊?」「你要幹嘛?我花錢讓你去日本,不是要叫你做水餃的!」「因為剛好超市有賣餃子皮,想辦一個餃子大會,請同學吃餃子,順便做起國民外交。」

記下簡單步驟之後,紮起頭巾,開始包起水餃。

以前從來沒有做過煎餃,想說煎餃該不會就把水餃用煎的?印象中看過水煎包的作法,倒水後加蓋子燜煮,就拿鐵板燒的平底鍋模仿,在水裡頭加了麵粉,果然,蒸氣噴發之後,麵粉水化成了脆脆的麵皮,將所有水餃連在一起,如同窗花一般的美麗,

對我而言，料理重要的關鍵，就是自信跟敏銳度，
身上的歷史，則是與他人分享的最好養分。

剛好是日本最風行的手藝，簡直投其所好。

這下子，日本同學果然被我的水餃外交所懾服，直說從沒吃過這麼道地的水餃！

對我而言，料理重要的關鍵，就是自信跟敏銳度，從包水餃的那一刻開始，意外發現自己具有這份直覺，同學們吃得開心之餘，我更加興奮這股難以言說的成就感。

果不期然，第二天學校全傳開了：「許君做的水餃多麼好吃！」「窗花脆皮簡直媲美主廚料理！」「老師改天也要來試試……」一夕之間成了大紅人，同學頻頻追問：「下一次水餃大會是什麼時候？」後續還因此開辦了三回。

從筆記事件，讓我學習將危機化為轉機，重新檢視並看見自己的優點，進而巧妙發揮，之前同學不友善的態度也隨之改變。有時候別人的無心之過，純粹反映出當下情緒，不代表他對你這個人有什麼意見，重點是自己如何因應、面對與扭轉。

我瞭解到自己以一個外國人的身份，進入異鄉學習，可是他人眼中的我，看到的卻是我身上帶有什麼歷史、擁有哪些內涵，提醒了我不能忘本，只一味吸收別人的長處。

入夜時分，我已把明日即將開辦的水餃材料準備完成，此刻如同金元寶的餃子，靜靜躺在料理台上發光。

Ǝ 麵包界的國王

「為什麼法國麵包是麵包界的國王呢？」

「因為它什麼都沒有，就像國王的新衣！」

法國麵包，又稱長棍，只用最簡單的材料：麵粉、水、酵母、鹽，完全無糖、無油，考驗與仰仗師傅的技巧。

若是做其他麵包，只要過程不要太粗糙，奶油、鹽、副材料等原料比例合宜，就會呈現不同的簡約風格或華麗主題，正因為法國麵包只加了這四種原料，所以更需要師傅的用心與工法，才有辦法呈現美好的狀態與美味。

可是就在於法國麵包什麼都沒有，如同國王的新衣一般，完全赤裸裸的接受大家公評，好壞當下立判，全然表現出麵包師傅的主體精神，因而被稱作麵包界的國王。

製作法國麵包這門課上了整整一個月，日本師傅每天都像在做實驗，要我們試驗各種配方，像是直接法、中種法、隔夜法、液種法等方式，觀察它的外觀、蓬鬆度、口感、切面的孔洞、裂紋、筋度的爆發力，甚至進入烤箱後的延展性等等，著實考驗每個學生與師傅的細心與耐性。

一週五天學習法國麵包的課程，老師花較多的力氣講解步驟與原物料的選擇，講求精準與完美，屬於細節的功夫，偏重學術研究的概念。

學校還特地請來法國師傅為我們上課，發現法國老師是帶著愉悅的心情製作麵包，不同於日本老師的嚴謹，告訴我們這個角度應該要多少、那個該留幾公分、劃幾條線。法國老師並沒有一個固定的模式與規矩，完全展現法國人自然率性的態度，感受到一份遊戲的歡樂。

有別於日本老師，法國老師的十天指導課程偏重生活態度，學習到他們根據麵包特性，做出不同類別的品項與瞭解。

諸如法國麵包在法國當地就有很多的尺寸與形狀，以符合三餐的每一種需求，例如一早用來當作三明治，主要重點是餡料，用的就是麵皮較多、麵包較少的長笛 Flute（一種較細長的法國麵包），可是下午肚子餓可

就算遠離父親（圖左）原先期盼的航道，飛得再遠再高，他仍默默關心，在後方看顧著我。

能是單純想吃麵包，就吃長棍 Baguette，或包了培根的麥穗麵包 Epi，晚餐時可以配巴塔 Batard 或圓球 Boule 搭主食或濃湯，有著相對應的作法和處理方式，因此讓法國麵包擁有不同的口感與變化。

光看日本和法國師傅示範法國麵包，就令我讚嘆不已，每個人對於麵包的不同想像，就會塑造出千奇萬變的烘焙世界。

我在想也許可以融合這兩種教學法，有著法國人的歡愉心情，也有日本人的專注謹慎。

如果法國麵包因為什麼都沒有，才能成為麵包界的國王；那麼如果我也想成為烘焙領域的國王，是不是也要捨棄一切包袱，才能完成屬於我的夢想？

℈ 仁瓶老師的麵包哲學

「鬼老師」仁瓶利夫一站上講台，大家瞬間噤聲。

「有沒有人知道怎麼品嚐出法國麵包的美味？」

彷彿高壓籠罩，全班陷入一片沉寂。

我緩緩舉起手，站起來打破沉默：

「可以直接吃或塗抹乾醬！」

四周沒有人敢應聲，好像我做了一件天大的蠢事。

學校聘請 DONQ 麵包集團的世界級麵包大師──仁瓶利夫，親臨授課。

仁瓶老師是世界盃冠軍教練，獲獎無數的響亮人物，日本人一聽到他，立刻出現一種肅殺的氣氛，好像什麼大事要發生的樣子。

當時的我並不知道他是何方神聖，不明白安靜力量的背後出於一份崇敬心理，可是聽同學稱呼他「鬼老師（おにせんせい）」，也能感受到一股可怖詭譎的氣氛。

他其實不兇，但是嚴肅的神情令人不寒而慄，一進教室就自我介紹，接著問大家：「有沒有吃過法國麵包？」沒人敢正面回答，大家低著頭好似怕跟他對上眼，接著又問：「你們覺得法國麵包怎麼吃比較好？」還是沒有人願意舉手。

我突然有種想法，勇敢地舉起手，老師點頭示意，便起身介紹自己從台灣來的，講完答案後只見老師嘴角一抹難以察覺的笑痕，當下覺得頗為窘迫，希望沒有留下壞印象。

他不疾不徐的說：「讓法國麵包好吃的方法，就是找一個悠閒的午後，買著附近店家剛出爐的法國麵包，順手帶瓶紅酒，騎單車到達可以遠眺城鎮美景的山坡上，一面品嚐嘴中滋味，一面低吟當時的心情，這才是人生的至高享受啊！」

當下聽到答案，竟然可以完全瞭解老師所要傳遞的意境，才發覺自己太過小看這個問題了。老師想聽的是核心意義，而非表面敷衍虛應的內容，一開口就傳達出這種精神與概念，真不愧擁有「鬼」的稱號。

鬼老師推翻了我先前的看法，即使日本人懷有精準謹慎的從業態度，法國人帶有隨性寫意的浪漫心情，他所傳達的是更高層次的理念，裡頭除了蘊藏日本深沉的烘焙文化，還包含一份脫胎自厚實的寂靜，從麵包中淬鍊而得的人生哲學。

現在回想起來，仁瓶老師想要傳遞的是一份身教，還有對於麵包的期許、烘焙職人該具有的風格與精神，這份源於自身的經驗傳承，完全彰顯作為一名職人的明星光彩，讓仁瓶老師那堂課深深烙印在我的心田。

當日課後他把我叫過去，讚許我的勇氣，更主動提及到過台灣哪些景點，覺得台灣是一個溫暖的寶地，非常喜歡當地的人情味，就像我不假思索給予的回應一樣。此刻，老師平易近人的形象和初進教室截然不同，也讓我打從心裡更加佩服。

這種不單單只從表面看待事物的方式，而要學習看到背後更高遠、深層的意涵，進而提升事物本身的價值，這是仁瓶老師送給我最寶貴的一課。

2.2

重回台灣，歸零學習

從孝二路驅車直往基隆港，出了隧道口，眼前一片海闊天空，無邊蔓延的深邃幽藍，故鄉的海彷彿將我包圍起來。

「如果在這座國際商港上開一家麵包店呢？」

藍色公路的海浪不斷拍打上岸，好像在回應我一路以來的想望。

Ə 空降部隊的阿甘

「空降回來的耶，真令人拭目以待。」其他師傅私下耳語。

上到戰場後，我才發現三十分鐘要完成一百條法國麵包，原來不是件容易的事。

「你看吧！日本回來也不怎麼樣，這麼爛！」頂級師傅這麼調侃著。

畢業那一天很快地到來，仁瓶老師問我：「之後要去哪裡呢？想不想到我公司DONQ？」原本計畫在日本習藝的我，礙於當時工作簽證核發嚴格，沒有辦法留在當地，老師便推薦我進入DONQ台灣分公司。

坐上飛返台灣的班機，我從機艙的窗戶望向送行的同學們，那不斷揮舞的雙手，隨高度漸漸模糊，熟悉的校園與街景終於化為地圖上的一個小點，彷彿宣告求學生涯的階段性完成，前方等著我的是一處落定生根的烘焙花園，

以及那一片無邊蔓延的基隆海。

下飛機的第二天隨即正式報到，自此全年無休地做到現在，絲毫不敢辜負仁瓶老師的期待。

DONQ 引領日本法國麵包熱潮，麵包店門口總是大排長龍，只為了買一根象徵生活態度的長棍，如今這間百年企業把這股風潮帶進台灣。

由於是老師指定的「空降人員」，尚未踏進公司已是「人未到，名先到」，大家都等著看我的表現。

即使當時日本學成畢業的台灣人很少，所能夠獲取的薪資仍舊不高，台灣麵包業偏向基層，一般認定是不愛念書的人所從事的行業，但我不因此感到氣餒，抱持著學習的態度面對。

然而真正進到戰場，不同於學校按部就班的學習方式，三十分鐘就要你完成一百條法國麵包，時間上的壓迫，在在考驗精準度跟熟練度的完美拿捏；果不期然，一開始的狀況亂七八糟，甚至被日本上司和同事調侃：「日本回來的也不怎麼樣嘛！」

生產線上無法讓你一步一步緩慢的調整細節，公司要求的是精準計量下的完美成品，肩負「這個東西交代你，就得做得出來才行」的壓力，而中間沒有人可以教我怎麼做，因此前幾個月的適應期遭遇到相當大的挫折。

當時我學到了一件事情，就是「歸零」。

進入一個新環境，程序、作業量都要重新學習，必須把學校所學的那一套全數放下，重新歸零，觀摩別人的作業方式。

我抱持著「阿甘精神」，打落牙齒和血吞，把這份委屈化為前進的動力，對於冷嘲熱諷不過度在意，告訴自己學習沉澱、身段放低，加倍虛心接受前輩指導，到最後甚至甘之如飴，彷彿我正嚼著不同口味的人生巧克力。

從日本「空降」返台後，當時學到的第一件事，
就是「歸零」。

我的努力與堅持被其他伙伴看在眼裡，很多師傅心疼我，進而給予援助和指導，一年後工作步上軌道，我也漸漸地融入團體之中，得以建立一個全新的人際關係。

今日回想起來，反倒相當感激這段磨鍊時光，讓我順利自按部就班的學校跨入狀況未明的工作，更從錯誤中汲取寶貴經驗。學校不會故意要我做一個錯的東西，比如失誤的麵糰、不對的糖鹽比例、未經開發的配方，但工作上的碰撞讓我更加熟知各種正負反應。

後來自己成為師傅之後，當學徒或其他師傅們的烘焙過程做錯了什麼步驟，我能輕易從成品中找出問題核心，雖然沒有參與過程，卻能由結果釐清哪個環節出了差錯。

這項回溯能力的建立，證明這一切的辛苦沒有白費。

我永遠記得基隆港一片無邊蔓延的深邃幽藍，一顆小小的夢想種子，果真在自己的家鄉落地。

∋ 麵粉沾水，夢想發芽

「快！幫我叫救護車！」我使力按住右手臂膀，硬撐起微弱的身體，深怕再遲一步，就要倒下去。

「傷口已經細菌感染了，若不截肢會有生命危險！」急診室醫生戴著口罩說著。

「怎麼可能截肢，全靠這雙手做麵包啊。」我勉強發出氣息。

因為不同意截肢，醫院拒收這個不合作的病人……

一九九九千禧年之際，當時二十九歲的我，在 DONQ 待了將近五年，期間更負責信義店的實際拓點規劃，從門市裝潢、佈置、內場經營、人員管理等大小事，奠定了開店基礎。一顆夢想的芽，悄悄茁長，成形。

一次返回基隆，看到廟口附近有間不錯的店面，心想時機成熟，於是和同樣從事烘焙業的表弟 Jimmy（王兆豐）商量合夥，由我做麵包、他做蛋糕，當決心確立下來後，短短的二十八天，一間充滿濃濃法國鄉村氣息的——「Bonjour 朋廚烘焙坊」正式開業了。

九〇年代的台灣對法國文化尚不熟悉，就取一個淺顯易懂的法文「Bonjour」作為店名，正所謂初生之犢不畏虎，有了篤定的意念，捲起

衣袖拉高褲管，再深的泥濘也要踏過去，開一家國際感的麵包店，這樣一顆小小的夢想種子，果真在自己的家鄉落地生花。

我永遠記得基隆港一片無邊蔓延的深邃幽藍，藍色公路的海浪不斷拍打上岸，回鄉的遊子終於把腳步實實印在這塊港灣上。

那一天，一九九九年四月十八日，夢想扎根的日子。

店面不到二十坪，分為地下室跟一樓，地下室當作廚房，一樓店門口有個用磚瓦堆砌的實體烤箱（窯），所有裝潢不假手他人，全程使用木頭，營造法國鄉村風格，開創台灣麵包店世代的新格局。

有別一般的麵包店，不走傳統老路線的朋廚，一開幕馬上一炮而紅，我們還開創試吃先例，將麵包的小故事分享給客人；當時雪隧還未通行，前往宜蘭回程經過東北角的台北遊客，常常繞道基隆品嚐廟口小吃，順道光顧麵包坊，持續累積口碑，看見絡繹不絕的客人選購麵包滿足的神情，內心由衷希望朋廚能夠成為基隆的新地標。

【地震快訊】今晨（九月二十一日）凌晨一點多發生芮氏規模7.3大地震，震央位於南投縣集集鎮，全台死傷慘重，災情嚴重。記者所在位置⋯⋯

【限電公告】由於高壓電塔遭到毀損，造成全台灣於地震發生後立即停電。經台電搶修之後，採限電措施，北部都會區實施分區供電⋯⋯

初期開店非常辛苦，開銷成本龐大，早上忙前場招呼，為客人一一講解理念和吃法，晚上又要進後場烘焙，不能休息也不敢休息。

後來碰上九二一大地震，全台進入分區供電，基隆只有半夜九點到隔天早上九點有電，整整兩個星期，怎麼可以讓麵包櫃開天窗，把好不容易經營起來的人潮斷送；因此每到傍晚就進入備戰狀態，兩個身影遁入地下室，開始不見天日的忙碌，趕在隔天早上斷電之前把麵包完成，才真正鬆了一口氣。

還記得那日是十月十八日，日夜顛倒的作息讓我感到極度疲憊，還是照常在猶如神蹟亮起燈光的晚上，回身遁入地下室，不知過了多久，昏昏欲睡的狀態忽然瞥見時鐘，一時心急加快了手勁，卻不小心讓長袖的廚

師服捲入攪拌機，我迅速抽出，以為沒有大礙，沒料到大概半秒鐘的時間，血就從右手臂內側噴出來了。

初步判斷應該是動脈被打斷了，我臉色倏忽變白，有一瞬間差點要暈死過去，但我的意志告訴我，如果這刻倒下去可能就永遠站不起身了。

「怎麼辦？」「快幫忙止血！」我硬逼自己保持清醒狀態，撐著意志趕緊請表弟送我至醫院。

計程車開往最近的公立醫院，評估病情嚴重——拒收！再度趕往基隆另一家醫院，急診室醫生連忙搖頭：「不截肢的話會有生命危險，馬上送入開刀房！」我撐著微弱的身軀，勉強應答：「我絕不截肢……」

家母在一旁瀕臨崩潰狀態，依然握著我另一隻手，試圖傳遞源源不絕的溫暖，喃喃唸著：「兒子要撐下去！撐下去啊……」表姊輾轉聯繫到擔任軍醫的親戚，推薦一位國寶級的外科醫師劉毅，然後快速轉送榮總急救，抵達時已經十一點鐘。

醫生觀察傷勢後告知還不敢保證不截肢，得做顯微手術，過程可能會引發敗血症，簽完切結書，由於拖延太久，整隻手已經腫脹不堪，必須先減壓消腫，避免壞死。我無法想像沒有手的人生，堅持不願截肢，醫生告知就算治療完畢，大概也只能恢復七成功能。

中間歷經三次開刀，醒來發現手臂就像市場晾掛的豬腳一樣，整個皮肉被劃開，直到離院前都無法縫合，全部經脈骨肉一覽無遺。

住進四十號病房，在醫院待上四十四天，送醫當日業績是四萬四千四百四十多元，加上自己正逢二十九歲關口，一連串的巧合，讓我浮想連篇，這場劫難會不會難以逃脫？

第一次跟第二次手術之後，因為傷口一直反覆感染，仍舊有截肢風險，其實這時已經有了最壞的打算，沮喪的心情如同醫院冰冷慘白的牆壁，以後呢？以後我還能夠做麵包嗎？

對得起父親臨終的沉默應允、母親的包容支持、老師們的熱情寄望……，我不敢去想這個問題。

那天夜裡，竟然夢見久違的父親，他和幼時記憶中一樣的清俊，牽著我的手，坐在基隆港看貨輪進出，堤防下的兩個身影，隨夕陽染成橘紅色，我們看著眼前海潮的流變，彷彿欣賞一場藝術動畫，父親突然說：「爸爸以後帶你坐船好不好？」

我在搖晃的夢境中醒來，手臂和眼角同樣浸潤，父親要帶我去哪裡呢？現在我又身在哪裡？

我在一床搖搖晃晃的人生小船擺渡，一下開刀房，一下檢驗室，最後停回深夜靜闃的病房，一個半月過去，縫合的手終於慢慢恢復知覺，當我再度站在麵包店的大門，堅定地對自己說：「這雙做麵包的手，此生將不再捨得放下。」

沒有人知道是什麼成就了我對烘焙的意念，只有我自己明白，那份值得以生命撐起的夢想，象徵著什麼樣的歸屬和意義。

Part 2

開心引領客人了解每款麵包的背後故事，正是一種心念的轉折。

㆕ 泡水的地下室

【颱風警報】納莉颱風豪雨不斷，造成北臺灣嚴重水患，爆滿的基隆河水在突破警戒水位後，灌入臺北市，導致捷運板南線、淡水線、臺北車站等地下鐵路遭水淹沒，交通陷入一片混亂，請民眾不要任意外出⋯⋯

【颱風快訊】中央氣象局昨晚解除納莉颱風陸上警報，仍持續傳出災情，中央災害應變中心統計，全台至少八十二人死亡，地下室淹水多達六千多棟⋯⋯

猶記住院當時，我的六叔曾來探望，閒談中提及：「還好是自己當老闆，既然是老闆就不用擔心有沒有手，因為重要的是頭腦！」這番話猶如醍醐灌頂，讓我突然意會到，也許應該思考的不是以後有沒有辦法做麵包，而是有沒有辦法經營好一家店。

出院之後，開始重新調整步伐，不再沒日沒夜的工作，鑽研更長遠的經營理念，憶起朋廚第一天開業的時候，剛出爐的麵包擺在桌面，構築出一幅美麗的畫面，竟有一股捨不得被買走的感受，漸漸地從捨不得客人買走麵包，到後來開心引領客人了解每款麵包的背後故事，正是一種心念的轉折。

開了店，當了老闆，不再是單純玩樂了，特別是歷經浴火重生的考驗，那塊明顯的傷疤，在我揉麵的當下時時提醒著我，肩上還有一份更加神聖的使命。

如今，朋廚烘焙坊不再只是一顆個人的夢想種子，更是輻射幸福熱能的平台，藉由用愛出爐的麵包，傳遞我的烘焙志業。

只是沒料到重上軌道，朋廚隨即面臨第二個風暴試煉，二〇〇一年九月納莉颱風侵台，當時我人在家中準備防颱工作，聽見新聞報導海水倒灌的消息，放不下心裡的顧慮，冒著狂風斜雨駕車出門，車子剛從中正公園山上開下來，就被擋在拱橋這一頭，眼前整個廟口淹起一人高的水位，連搜救船都出來了。

「毀了！」口中不自覺湧出一聲呢喃，街市頓時陷入一片暗潮洶湧，無法判斷實際損害情況，然而持續上漲的水位令人頹喪，一艘帶著微光的救生船，緩緩駛進深處，直到再也看不見……

隔天雨勢稍退，泡過水後的整條街都毀了，如同災區一般，遍地殘破泥濘，一進店裡看見地下室，整個腦袋一片空白，汙水灌飽了所有空間，大型機器道具如同溺斃的屍具任由水面漂流，整好型待烤的麵糰早已黏上天花板，最難過的還是我一路收藏的珍貴發燒碟，可能再也播不出飄揚的樂聲……

所幸後來找到一位技師，將機器細縫中的泥沙清除乾淨，省下百萬元添購機具的花費；淹水後的復原期大概花了三個禮拜，包含抽水、整備，雖然歷經手傷、淹水的人生轉折，卻沒有讓灰心的念頭停留太久。

當內心深植一個堅固信念，無懼於生死交關，也就沒有什麼事情可以輕易將之打倒。很快地，朋廚再次站回基隆這個大舞台，搬離了那個不見天日的地下室，遷至六十幾坪的三層樓店面，更在中正公園開啟了「Bonjour 咖啡」的序幕，繼續用自己的雙手傳達烘焙文化，散播溫暖的熱能。

下一步呢？這棵提供旅人短暫休憩、補充能量的卓茂大樹，正在揣想從基隆跨入台北的可能。開店第七年，隨風飄飛的念頭，帶著旅人期待的祝福，竟然心想事成地萌芽了。

台北出發，深耕品牌

朋廚民生店的門口本來有棵樹蔭婆娑的白樺樹，由於樹種特性，每次颱風一來就會傾倒，造成周邊路車的不便。

「幾番來回折騰，真想把它換掉，卻礙於工務局規定不能任意更動老樹。」里長無奈說著，卻也講中我的心事。

「這次等它再倒就換吧！」我們望著滿是眼睛的白樺樹，似乎有了共識。

沒多久樹就真的倒了，作業人員前來評估，彼此祈禱能改種楓樹，結果真是心想事成，秋日浪漫微光下，楓紅層層和剛出爐的歐式麵包相互輝映。

ɘ 民生麵包滿場飛

「老闆，還有早餐嗎？」一位睡太晚的常客詢問著。

「現在是下午時間，明天請早，小心！麵包出爐了！這邊接過去。」

「玫瑰鹽法國長棍賣光了嗎？」

「推薦招牌奶黃紅豆麵包，您一定會喜歡……」

台北民生店當初開店契機，是因為表姊的早餐店希望訂購朋廚麵包作為材料，但是從基隆運送到台北不符經濟

效益，後來思考也許可以互相結合，創造食趣空間。

同時間，敦南店也展開試營運，背後需要在地工廠提供貨源，沒想到作為「前店後廠」的小巧民生店反而一炮而紅，湧現大批排隊人潮。「一店三用」：早餐、麵包、後備供應鏈的經營模式，早上六點到下午兩點販賣早餐，下午收拾桌椅開始大變身，成為即興麵包店。

由於空間狹小，客人比鄰而坐，烘烤機具就在身邊，遞送麵包得向客人借路，因此每日客人的用餐桌上隨時都有麵包飛過去，不見抱怨反得更多驚艷，因為從來就沒有這麼臨場的麵包場景，開心帶來高滿意度，主廚客人僅「一步」之隔，還可常常撈過界，讓飲食帶有遊戲的鮮趣感，無形中成就體驗行銷。

雖然至今我依然內疚於當時環境不佳，委屈了顧客，卻意外開創主客零距離的餐飲空間，奠定朋廚的烘焙文化，不僅以裝潢取勝，而是那份內在的東西，用心感動來客的一家店。即使早餐店後來收起來了，當年死忠客人仍追問：「早餐還有賣嗎？」就是對我及表姊最好的回饋。

ㄫ 替房東裝潢舊居

「內科店業績一直起不來，是不是該收手了？」我暗暗思忖著。

「許先生不好意思，我們打算收回安和店的空間另作規劃。」新房東的高層人員告訴我。

於是，內科店與安和店陸續收掉，我面臨到中央工廠無處覓尋的窘境。

台北展店遇到了一些挫折，剛開始在內湖科學園區的洲子街，一間獨棟漂亮的房子成立內科店，以為可以接收商辦人潮的穩定客源，讓朋廚精神再次在此落地生根。

當時內科剛起步，朋廚進駐太早，業績不甚理想，除了每日一早湧入上班人潮後，就成了曇花一現的泡沫，中午吃飯時間出現一批人，下班時間再進一批客人，其他時間只有透明的窗子，獨自照著麵包的無言，夜晚成了一座寂靜的空城，最後半年就收店，就當作幫房東裝潢房子。

「開店不是簽約就了事！」人生就是不斷地學習並累積經驗值，懂得認賠殺出，再逢新契機。

同時期，市民大道開了一家敦南店，只是一個小角落卻能賣出高業績，成功打響朋廚名氣，只能說地點才是最大的決勝條件。

兩相比較之下，內科店的成本支出大，銷售不如預期，體會到市場區隔的重要性，作為未來展店的借鏡。

為了供應敦南店的需求，基隆台北兩地的直送不符效益，結合表姊早餐銷售的民生店，這時熱鬧開張。然而台北的市場一直在成長，考量設置一處中央工廠，二〇〇九年，便在敦化南路二段敦南摩天大廈開立台北第三家店——「朋廚安和店」，更於第二年成立了「台北西點部」。

結果不到三年，房東將房子高價賣給某大金融物業，內科店的陰影再次籠罩。我主動聯繫物業窗口，詢問他們關於這個區塊的想法與規劃，本來表示一切如常，幾個禮拜後卻告知上層決定收回開設銀行。

對於店面搬遷問題，不光是整體裝潢與配置的重新規劃，所耗費的大量支出，還有辛苦建立的社區互聯網絡，就此斷了關係。

我坐在民生店口的楓樹下，一陣清風拂來，彷彿在問我：「為什麼有那麼多煩惱？」「為著一份堅持的理想，該怎麼做？如何做？」

人們總在追求恆久不變的安定感，這份普世價值隨著新世代的崛起，是否還能受用？但我相信永恆懷舊派，應該不會只剩我一個人吧！

隨著內科店、安和店的閉門歇業經驗，是不是還有另一扇為我而開的門呢？

϶ 結合文創的麵包藝術

「你讓我再考慮考慮，對於展店的事，我還沒有把握。」我聯想到之前的挫敗經驗，因而躊躇再三。

「我這三顧茅廬的心事，你怎麼還是不了解？」林督凱主管懇切地望著我。

「我相信你可以，為什麼你不肯試試相信自己？」

最後憑著這句話說動了我。

正逢敦化誠品十年來的首次改裝，誠品主管前來洽談合作。對我而言，當時還沒做好開拓百貨公司的通路，自認朋廚的品牌、平台、形象都不夠完善，所以拒絕了邀約。

沒想到誠品林督凱先生毫不氣餒，完全不受我的冷板凳，發揮劉備三請諸葛亮的氣度，聊天過程中慢慢變成朋友，了解我真正遲疑的原因，第三次拜訪的時候，他對我說：「如果我這麼相信你，為什麼你不肯相信你自己！」

這段話打動了我，我應該好好把握這個成長的契機，也許再來就沒有了。

在此同時，朋廚確立以紅、白、藍為品牌顏色，設計出提袋與商品包裝的主視覺，傳達一份溫暖、簡單、自然的意念。

初期百貨公司的業績要求一個月五十萬，沒想到朋廚就達到六十幾萬，讓我信心大增。約五坪大的店面，就像一間迷你麵包店，重現早期民生店的接觸體驗。後來因為生意很好，內裝才重新設計，和商場達成裝潢共識。

在誠品門市上架的麵包，結合品牌文化的合作效益，彷彿戴上藝術殿堂的桂冠，成就麵包美學新勢力，背後那份視烘焙職人為藝術家的器重，才是最根深柢固的核心。

就在百貨公司提高了業績要求，常常晚上七點樓管就通知麵包賣光了，得趕緊補貨，我考量到長久下來不是辦法，好不容易穩定下來的安和店，在面臨房東即將回收的窘境，勢必加快尋找更大更穩固的中央工廠。

評估符合經濟要求與規模的五股、汐止，屬於工業區，雖然房租較為便宜，然而這是我想要的地方嗎？附近都是重機工廠，與製作藝術烘焙似乎並不適合。

於是我反覆找了許久，心中再度祈求菩薩，透過以前在基隆店隔壁傢俱店的大姐，在用餐時間開心相遇，與她閒聊之中，提及現在改行房仲業，也許可以幫我問問看。過了一陣子，她告訴我有個地方——彷彿菩薩指引般，一處通往明亮的央廠預定地，就在眼前展開。

麵包具有生命，若周遭空氣帶有汙染，勢必影響到整體品質，除此之外，師傅也會受到環境的影響。我想到基隆第一代店在地下室烘焙，天未亮進去，出來天又暗了，老是不見天日，所以從那時候開始，就希望能在看得到太陽的地方工作，找回對四季光影的敏感度。

如果說蛋糕代表浪漫的詩人，麵包就是和煦的太陽神。製作麵包的職人，則是沐浴陽光下，傳遞那份愛與溫暖的繼承者們。

我站在未來中央廚房的窗前，望向成美橋的落日風景，綠地之上藍天白雲，天空之下雲淡風清，突然之間，我的心飄到基隆河畔，那個小時候對著大海遙想出海的男孩，如今已然長大成人，用滿腔熱情投注麵包烘焙，培育出朋廚這個夢想種子，開展出屬於它自己的品牌個性，對於不可知的未來抱定樂觀的喜悅，也許會有另一個男孩走向陽光國度，發願將一份職業走成志業。

-Part-

3

·

烘焙職人的
手感思考

「Bonjour！」期待從第一聲問候開始，
用自然麥香和你交流，開啓視覺、聽覺、
嗅覺、味覺、觸覺、心覺等「六覺」新食
感，領進烘焙職人所營造的藝術殿堂。
每日清晨，當陽光劃開朦朧的天際，讓我
用灑落的線條在料理台上愜意作畫，為一
天的麵包旅程掀開序幕。

烘焙百分比換算法與專有名詞

一、烘焙百分比（Bakers Percent）

烘焙百分比的算法，不同於一般的百分比，而是通用於國際上，專屬烘焙的百分比算法。以配方中的麵粉量，加總為 100% 計算，再去計算其他副材料百分比關係，是一個非常簡易，且方便倍數換算的一種配方顯示方式。

（烘培百分比通常適用於麵包，而蛋糕、餅乾類則以雞蛋的顆數為基準。）

例如

標示法（配方%）—

法國麵粉　100%

水　70%

鹽　2%

紅 SAF　5%

合計　177%

> 配方中，若要做使用麵粉 1000 公克的麵包，相對其他的副材料則為：

自行換算法（配方 g）—

法國麵粉　1000g

水　700g

鹽　20g

紅 SAF　50g

合計　1770g

二、攪拌段數及時間（Mixing 的顯示方式）

L：代表 Low 慢速

M：代表 Media 中速

H：代表 High 高速

↓：代表下油的時機（或其他副材料）

若攪拌機只有兩段變數，則以 L&M 顯示，有三段變數的機器，才會用到 H 表示，書中的攪拌機是以直立式 20 公升，三段變數的機型作為標準，不過每個機型的攪拌力道，軌跡及摩擦熱的產生，也各自有所不同。還需要實際操作，及經驗的再次判斷。在那之後的數字，則代表分鐘。

例如

L3M5 ↓ L2

代表慢速 3 分，再來中速 5 分，下油脂後，再慢速 2 分。

＊本書所示範的配方，均使用無鹽奶油。

歸零概念的總和

海鹽法國

Φ

Sea Salt Ball

「如果這世上最幸福的人是你，那最不幸的又會是誰呢？」

延伸這個譬喻，法國麵包可說是最幸福和最不幸的代表了。

正因為法國麵包是所有麵包的靈魂，有著國王般的崇高地位，然而當初引進台灣卻叫好不叫座，長棍麵包看起來頗具氣勢，宛如一把勝利者權杖，可是很少有人會買來吃。

記得有位前輩對我說：「不要因為賣不好就不做，或是不重視它，反而要把它當成一份功課，將這份職人精神延續下去！」

因此開業之初，我就視法國麵包為朋廚的精神標竿，只用最簡單的材料，捨棄繁複添加物，呈現一種歸零概念，時時提醒自己勿忘初心。

一九七〇年，日本首次舉辦世界博覽會，帶起一股法國麵包風潮，除了生活態度及服裝全面西化，襯衫、短褲、皮鞋的學院風裝扮，走在街上，每個人的隨身配備還要有一根法國麵包，並且刻意讓它露出個半截，象徵一種生活品味，簡直成了國民運動。

顧客習慣問我：「裡面包什麼內餡？」他們總疑惑這樣一條沒有內餡的長麵包，可以做什麼？

「將買回去的麵包另作搭配，加上酌餐紅酒，就是一頓溫馨的家庭聚會……」可惜這純粹是一個理想畫面，開店初期的風氣較不注重飲食氣氛，很多人沒有時間和空間營造這種關係，只想要解決當下的生理需求，麵包只被作為正餐之外的間食。

後來還發現，法國麵包份量對一般消費者而言太大了，無形拉長了購買頻率，讓我陷入長思，該如何教育消費者，以及怎麼讓它普及化。

大約十年前，餐食文化開始流行沾用橄欖油或油醋醬，以及剛萌芽的料理海鹽，於是我把法國麵包縮小，再結合這兩樣素樸原料，推出之後果然大受好評，讓許多客人上門指名購買，搖身一變朋廚的招牌單品。

幸與不幸，往往一念之間，歸零的總合也許就是滿分，轉換身段，我們都是幸福人。

 主廚烘焙筆記本

法國麵包質地香脆，可以在咀嚼過程感受到美味的層次，然而一般人喜歡有餡料的麵包，因此陸續推出芝麻、洋蔥、茴香、羅勒等四種口味的海鹽法國，身為主角的法國麵包，可以搭配任何東西而不搶風采，不論是切開再烤、加蛋、夾起司火腿都相當美味，是進可攻、退可守的單品。

工程		主材料	
攪拌時間	L5M2 ↓（油）M1	**海鹽法國**（配方%）——	
麵糰溫度	26 度 C	中筋麵粉	70
分割	100 克	高筋麵粉	30
發酵時間	基礎 90 分鐘、（中間 60 分後 Punch 再 30 分 鐘分割）	水	70
		橄欖油	3
		鹽	2
Bench Time	25~30 分鐘	SAF	0.7
整型	圓型	麥芽精	1
發酵箱	28 度 C，80%、40 分鐘	麵種	10
烤箱	蒸氣、上火 210 度 C/ 下火 220 度 C、20 分鐘	小計	186.7

依口味變化

芝麻口味 —
麵糰 1kg + 芝麻 30g
（約 10 顆）

羅勒口味 —
麵糰 1kg + 羅勒葉 15g
+ 帕馬森起司 10g
（約 10 顆）

步驟 一

1 / 麵糰採用直接法，加入 10% 法國前夜種，增加風味，L5M2 後加入橄欖油，最後 M1，呈現微薄膜後，完成。

2 / 分出需要量的麵糰與副材料充分揉勻後，進行基礎發酵。

3 / 麵糰完成基礎發酵後進行分割，分割成一顆 100 克，滾圓。

4 / 模具上塗抹橄欖油及撒上些許海鹽，產生油煎的脆度增加口感。（圖①②）

5 / Bench Time 後，再次滾圓，將麵糰放入模具中，進行最終發酵。（圖③④）

6 / 進烤爐前，再塗上一層薄薄的橄欖油增加風味與保濕。（圖⑤）

7 / 麵體上割出十字稜線，進爐前噴些許蒸氣。（圖⑥）

8 / 進烤箱烘焙，上下溫度保持在 210/220 度 C 左右，烤 20 分鐘即可出爐。（圖⑦）

①

②

③

④

⑤

⑥

⑦

■ 主廚美味入口

┃ 將麵糰蓋上乾布,避免風乾影響麵糰發酵。

┃ 搓圓麵包時,切記請勿用力,手勁要輕,將大氣泡打出來,保有小氣泡的孔洞,口感更佳。

┃ 烘焙之前塗點橄欖油及海鹽烘烤,增加脆度之外,更可使麵包保溼,讓原本無糖無油的法國麵包,更添風味。

┃ 進烤爐之前先噴蒸氣,可產生薄皮酥脆效果。

┃ 可依個人喜好,替換添加黑芝麻、羅勒葉、各式香料等,使麵糰產生不同風味。切記副材料最後再加入,避免為了混和而過度攪拌,影響麵筋的成形與口感。

充滿戀愛色澤的履歷

玫瑰鹽法國長棍

Φ

Rose Salt Baguette

「哪一種履歷會討人歡心？」

「厚厚一疊履歷資料，你最想看見什麼？」

當應試生坐在面前，除了本身具備傑出的專業技能、流利誠懇的應答技巧，一股由內而外散發出的美好氣質，才是讓人留下好印象的關鍵。

玫瑰鹽就帶有這層魔力，能夠提升麵包好感度，彷彿一份充滿戀愛色澤的履歷，使人滿心歡喜地把它帶回去。

約莫十年前海鹽麵包的熱銷，使我對鹽產生莫大的研究樂趣，沒想到運用如此簡單的元素，反而能產生意想不到的效果，同時思考若是以玫瑰鹽替代，會有什麼結果？

朋廚擁有許多忠實的女性顧客，有一回行銷專案，我將玫瑰鹽法國長棍打造成專屬女性朋友的禮物，主打「充滿戀愛色澤」的好滋味，果然贏得芳心。因為玫瑰鹽含有豐富的礦物質，所以呈現討喜的粉紅色，含有鐵質能讓氣色變好，氣色佳會招來好運，開運便能增加戀愛機率，同時含鎂能讓副交感神經放鬆，據說具有舒眠功效，是女性朋友不可或缺的微量元素。

這款麵包以體貼關懷為出發點，卻不譁眾取寵，本著法國麵包的基本作法，加入玫瑰鹽，自然帶出的美麗色澤，背後象徵身為一名女性該如何面對生活中的種種挑戰，其中具備著柔軟與堅韌的身段，讓人不由得對她們產生一份疼惜之情。

好心的廠商時常告訴我：「你可以把什麼加進麵包裡，會讓口感更好吃！」他的好意我心領，對於一名烘焙職人而言，那只是一個方便門，不該成為一名好師傅要把產品送到客人手上該走的路徑，真正需要思考的是原物料。原料不好，做出來的品質就不會理想，秉持法國麵包一貫的減法哲學，捨棄非必要的添加物，在簡單中蘊含更深一層的真義。

就如玫瑰鹽法國的履歷一般，本著自然，就會打動人心。

 主廚烘焙筆記本 ────────────────

少數人可能為了讓東西好吃，添加很多不必要的物質，以為越多越好，卻不見得會達到所謂的效果，空有一種美味的錯覺。我認為該從一個簡單的原料，看到它的特殊之處，進而將它發揮到淋漓盡致，做出的成品才有意義，哪怕說只有一點點的差異，都是身為一名專業職人值得嘗試的動機。

相對客人而言，品嚐的當下若能獲得一些啟發，就是對我最好的回饋。

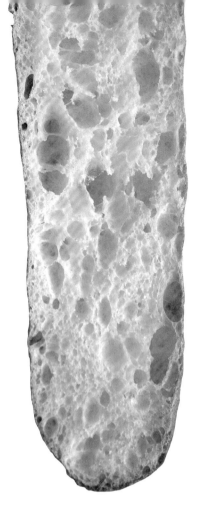

工程

法國麵糰直接法 ─

攪拌時間	L3 靜置 30 分 L5
麵糰溫度	25 度 C
分割	350 克
發酵時間	基礎 120 分鐘（中間 90 分後 Punch 再 30 分鐘分割）
Bench Time	25~30 分鐘
整型	長棍型
發酵箱	28 度 C，80%、60 分鐘
烤箱	235~240 度 C，蒸氣 Steam 烤焙 30~35 分（法國麵包專用爐）

材料（配方 %）─

法國麵粉	100
水	70
鹽	2
紅 SAF	5

步驟 ——

1/ 使用攪拌缸將法國粉和水以慢速拌勻，將水分次加入。

2/ 攪拌均勻後，靜置 30 分鐘，使之產生麵筋作用，黏結比較強。

3/ 將乾酵母粉平均撒在麵糰上面，再用慢速攪拌 3 至 5 分鐘，當麵糰表面呈現微光滑，最後 1 分鐘再加入鹽巴拌勻，測試麵糰筋度，直到呈現薄膜狀。

4/ 將麵糰從攪拌缸拿出，整成圓形表面光滑的麵糰，放入發酵盒中。

5/ 麵糰上蓋上乾布，再進行發酵，整個發酵時間 120 分鐘，麵體會逐漸膨脹。

6/ 發酵一個半小時，翻面（punch）半小時。

7/ 完成發酵後進行分割，一顆 350 克。分割後進入 Bench Time 20 分鐘。

8/ 將麵糰整型成橢圓形，搓長至 40 公分左右。（圖①②）

9/ 長棍型麵糰放置棉布上面，捲起皺摺，藉以隔開各個麵包，並使之塑型與節省空間。（圖③④）

10/ 放入發酵箱之中，溫度控制在 28 度 C，濕度 80%，發酵 60 分鐘。

▌ 法國麵包含水性越高，口感越好，含水量控制在 68%~72%，然而對初學者而言，不易控制太黏稠的麵糰，可依據個人需求，斟酌含水量多寡。

▌ 法國麵粉筋性較強，過度攪拌會使得法國麵包太韌，吃起來會太硬，要控制筋度但不能過度攪拌。

▌ 酵母菌種，與鹽巴結合會產生殺菌作用，採用「後鹽法」分開放入酵母、鹽巴，避免影響發酵。

①

②

③

④

⑤

11 發酵箱拿出後,在室溫下讓麵糰表面稍稍回乾,從棉布上翻面到法國烤爐推車上,放好後將長棍割出三條均勻稜線(割線不能斷掉)。

12 烤箱溫度 235~240 度 C,噴蒸氣後送進烘烤約 30~35 分鐘即可出爐。(圖⑤)

■ **主廚美味入口**

▌麵糰放入發酵盒的動作非常重要,發酵過程所產生的氣體會將麵包膜鼓起來,若沒有整出一個麵皮,會使表皮產生很多空洞,影響氣體保存,進而影響發酵的過程跟效果。

▌烘烤過程產生膨脹壓力,割線可使之釋放壓力,麵體也較為可口美觀。

▌麵糰放置於棉布上面,每放一個長棍就捲一個洞(皺摺),藉以隔開各麵包,使之塑型與節省空間。

▌法國麵包表面若能烤得焦深一些,口感會顯得較為香脆、有層次,若不小心過焦,只需用刀子輕輕刮掉表面,一樣美味!

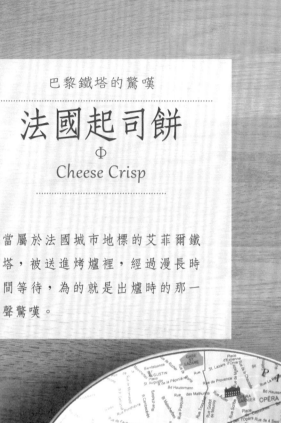

巴黎鐵塔的驚嘆

法國起司餅

Φ

Cheese Crisp

當屬於法國城市地標的艾菲爾鐵
塔，被送進烤爐裡，經過漫長時
間等待，為的就是出爐時的那一
聲驚嘆。

迎面撲鼻的麥香，讓人彷彿置身法國，自己也不自覺優雅了起來，街頭瀰漫一股清甜的氣息，心情有種微醺的喜悅。

法國起司餅屬於有趣的間食類品項，經由麵包師傅的智慧，讓揉好的麵糰不單只能做成長棍，還可以變化成多元商品，同時保留原有精神，提升烘焙藝術的趣味。

法國起司餅，基本仍使用法國麵包的麵糰製作，無糖、無油，只加入少許的鹽，負責提味、抑制雜菌的產生，內餡包覆高溶點起司，展延製成薄餅，經高溫長時間烘烤的一種起司餅乾。

製作長棍要保留空氣，可是起司餅完全不一樣，包進餡料後，用麵棍把氣泡壓開，成一張大大的麵皮，再參照巴黎鐵塔的造型，即成一個三角形的酥脆餅乾，馥郁爽勁的鹹香口感，令人越嚼越香，欲罷不能。

品嚐這份感動，猶如走在法國香榭麗舍大道，前方是雄偉壯觀的凱旋門，抬頭還可見高聳入雲的艾菲爾鐵塔，不禁發出陣陣嘆息，思緒隨一路綿延的林蔭無限展開。

 主廚烘焙筆記本

製作法國起司餅需要佔據較多的空間與時間，因此每日限量販售，由於它與紅酒十分搭配，有家酒莊的老闆只要舉辦品酒招待會，一定會前來購買，還特別要我出爐時記得通知他。法國起司餅本身就是一項風格獨特的商品，特別適合下午茶或嘴饞的時候食用，搭配紅酒更是相得益彰。

「加種法」的目的，是為了縮短發酵時間將酵母增加 2%，卻同時想保有法國麵糰長時間發酵所產生特有風味，也可用在製作法國長棍上。特別的是，使用了隔夜的法國種的此配方，在製作及烘培的麵糰穩定度也較佳，對新手來說較易操作。

工程

法國麵糰加種法

攪拌時間　L3 靜置 30 分 L5

麵糰溫度　25 度 C

發酵時間　基礎 60 分鐘（中間
　　　　　30 分後 Punch 再 30
　　　　　分鐘分割）

分割　150 克＋乳酪丁 100 克

Bench Time　25~30 分鐘

整型　三角型（長方形麵
　　　團對切）

發酵箱　28 度 C，80%、10
　　　　分鐘

烤箱　220 度 C，Steam 烤焙
　　　20~25 分（法國麵包
　　　專用爐）

主材料

法國（配方%）——

法國麵粉　100

水　70

鹽　2

紅 SAF　7

法國隔夜種　30

副材料

乳酪丁　100 克（一個）

步驟 ——

1／　採用法國麵糰，前步驟同「玫瑰鹽法國長
　　棍 1~2」。

2／　靜置前的 3 分鐘，將法國麵包隔夜種分成
　　3、4 小塊，平均散置麵糰上，後面步驟
　　同「法國長棍 3~4」。

3／　發酵半小時後翻面（punch），再發半小時。

4／　分割麵糰，約 150 克分割成一顆。

5／　每顆麵糰中包入 100 克高達乳酪起士，靜
　　置 25~30 分鐘讓麵糰稍作休息。（圖①）

6／　用桿麵棍將麵包桿開，壓成三角形狀放置
　　鐵盤上。（圖②③）

7／　麵體上割三刀，讓中間形成一個洞，增加
　　美觀也方便食用。（圖④⑤）

8／　進爐前噴些許蒸氣，上下溫度保持在 220
　　度 C 左右，烤 20~25 分鐘即可出爐。（圖⑥）

①

②

③

④

⑤

⑥

■ **主廚美味入口**

▌朋廚法國起士餅桿成三角形、中間割開三刀的
做法，是以艾菲爾鐵塔的造型為藍圖。

▌起司餅整型後，無須最終發酵過程，厚薄度根
據個人口感喜好決定，越薄口感越脆，稍有厚
度則增加嚼勁，起司的不均勻分配也會影響麵
皮的厚薄度。

麵包超人的創意發明

墨魚法國

Φ

Squid Baguette

心靈探索過程令人感到非常驚奇，每個人都相信，自己還有著無限潛
能等待被挖掘。

我曾上過關於潛能開發的心靈課程，課程包含認識與挑戰自我、挖掘
自我內心力量、貢獻等三階段，當時已開立了朋廚烘焙坊基隆創始店，
突然發現烘焙工作不也正好呼應這三個面向，從拜師習藝開始，到能
夠獨當一面、自由發揮，再到奉獻所長，將這份能力傳承下去，最後
彷彿再次回到最初階段，形成一個心靈迴圈。

我經常在課程中和同伴分享新發明，聽聽他們品嚐後的感受，作為調整配方的依據，課堂上老是聞得到一股自然的麥香，惹得大家期待每回的驚喜，因而換來一個「麵包超人」的稱號。

墨魚法國麵包，就是這個時期的發明物。

當時基隆市政府即將舉辦海洋文化節，希望和朋廚異業合作，設計一款最能代表基隆文化的麵包，藉此發揚基隆在地美食，為活動增加話題性。

基隆屬於海港，當然要以海鮮入味，像是廟口的鰻魚羹、鼎邊銼、甜不辣、烤花枝等，但海鮮卻會使麵包腥味重且保存不易；若是把金勾蝦磨成粉，加入起司做成蝦餅，又稍嫌特色不足，嘗試幾次依然無成之後，一次閒走基隆河畔，回頭想起法國麵包。

法國麵包一直是朋廚的核心價值，如何將它推廣出去成為我的畢生理念。

記得曾在日本吃過非常好吃的墨魚義大利麵，於是運用這個概念，調製配方，加入墨魚粉讓它變成一個黑黑的法國麵包，可惜還是缺少了一點味道，經過不斷地研究測試，添加洋蔥粉、洋蔥絲抑制墨魚腥味，再帶入基隆在地的花枝丸跟起司，終於做出這款有墨魚、洋蔥、花枝丸加上起司的麵包，造型也特別設計，呈現花枝手足舞蹈的鮮活形象。

朋廚和基隆市政府的合作之下，推出了這項產品，「呃，這是……」令所有媒體和客人直覺這是一個「黑漆漆」的奇異麵包，無不充滿狐疑的眼光，卻在品嚐之後有了截然不同的轉折：「哇，好美味！」「沒想到海鮮和麵包完美結合，呈現出獨特的海味，好吃！」「這真的展現了基隆在地特色！只有一個字可形容──棒！」

我在純樸的基隆盡情展現創意，期待有一天，不久的一日，這份美味力量能夠感動更多人。

工程
墨魚法國麵糰直接法

攪拌時間	L3 靜置 30 分 L3 ↓（鹽、墨魚粉及洋蔥）L2
麵糰溫度	25 度 C
分割	180 克
發酵時間	基礎 120 分鐘（中間 90 分 後 Punch， 再 30 分鐘分割）
Bench Time	25~30 分鐘
整型	長棍型
發酵箱	28 度 C，80%、60 分鐘
烤箱	235~240 度 C，Steam 烤焙 30~35 分 （法國麵包專用爐）

主材料
玫瑰鹽長棍（配方%）——

法國麵粉	100
水	68
鹽	2
紅 SAF	5
墨魚粉	1
洋蔥粉	3

 主廚烘焙筆記本 ━━━━━━━━━━━━━━━━━━━

這麼多理所當然之中，突然有一款麵包讓客人覺得：「這是什麼東西」時，有趣之處就被激發出來了，這也是主廚特地為客人精心準備的驚喜。

墨魚法國麵包對我而言是一門功課，屬於早期第一款開發的創意麵包，既能夠發揮自我風格，又能和自己出生地基隆做結合，讓許多朋廚老客人至今仍惦念不忘。

步驟 —

1/ 使用攪拌缸將法國粉和水以慢速拌勻，將水分次加入。

2/ 攪拌均勻後，靜置 30 分鐘，使之產生麵筋作用，增強黏結。

3/ 將乾酵母粉平均撒在麵糰上面，再用慢速攪拌 3 至 5 分鐘，當「麵糰」表面呈現微光滑，最後 2 分鐘再加入鹽巴，墨魚粉，洋蔥粉拌勻，測試麵糰筋度，直到呈現微薄膜狀。

4/ 將麵糰從攪拌缸拿出，整成圓形表面光滑的麵糰，放入發酵盒中。

■ 主廚美味入口

▍麵糰中加入洋蔥粉，是為了增加提味，並壓制墨魚腥味。

▍麵糰整棍時，建議兩頭可稍加以拐杖型彎曲，使造型有趣富變化，口感也會類似餅乾般酥脆。

▍麵體上割出多條稜線，露出起司與花枝丸形成黑白分明，看起來更為可口。

①

②

③

④

5/ 麵糰上蓋上乾布，再進行發酵，整個發酵時間 120 分鐘，麵體會逐漸膨脹。

6/ 發酵一個半小時翻面（punch）半小時。

7/ 完成發酵後進行分割，180 克一顆，並整型成橢圓形。

8/ 分割後進入 Bench Time20 分鐘。

9/ 麵糰輕拍平，放入 5 粒高融點起士丁、1.5 顆切塊的花枝丸，搓長至 38 公分左右。
（圖①②③）

10/ 長棍型麵糰放置沖孔烤盤上面。

11/ 放入發酵箱之中，溫度控制在 28 度 C，濕度 80%，發酵 60 分鐘。

12/ 發酵箱拿出後，在室溫下讓麵糰表面稍稍回乾。

13/ 麵體上割出 8 條均勻的稜線，8 露出起司與花枝丸。

14/ 進烤爐之前先噴蒸氣，烤箱溫度 235~240 度 C，大約烤 28~30 分鐘即可出爐。

一口接一口的鹹甜魔力

法國甜香片

Ф
Rusk

二十幾歲進入日本製菓學校，那時年紀就像一塊強力海綿，有著旺盛
的學習力和創造力，……

還記得先在日本語言學校待上一年，和來自不同國家的同學一起加強日
文能力，一群年輕活力的孩子聚在一塊，除了偶有語言不通之外，完全
不覺得念書的辛苦，倒不如說玩得挺開心，我們也就在玩的氛圍當中，
快速地完成了學習。

想要知道當地好吃的東西在哪裡，問年輕人最清楚！因此沒多久，我
和班上同學就知道東京、橫濱哪一家的麵包、蛋糕好吃，到處觀摩品
嚐，無形開啟了味覺之旅。

同樣地，烘焙也需要具備嚴謹之外的玩樂心情，不怕嘗試、不怕失敗，才能迸發創新思維，如同甜香片就是延伸自法國麵包的創意，成為一項具有特殊口感的產品，讓人一口接一口停不了手。

過往日本和台灣是以吐司做成甜香片，法國當地則流行以法國麵包沾糖烘烤。吐司做成的口感較為輕盈，法國麵包則呈現扎實的嚼勁，卻完全顛覆了法國麵包的硬度，正因為糖是天然軟化劑，使其轉化成為酥脆的質地。

甜香片通常切成片狀，易於保存，外觀看似普通不討喜，除了法國麵包本身的鹹，加上沾了糖、奶汁，還有朋廚的獨家秘方，混融出多層次的鹹甜滋味，使人回味再三，吮指難放。

壓力大的時刻，會想吃些具有咬勁的東西，對我而言，甜香片就具備這種奇特的療癒魔法，透過啃咬的動作達到釋放壓力的功效，香甜的滿足感能促進文思泉湧，思維因此變得明朗清晰。

幾次中午沒吃飽，下午肚子餓的時刻，拿起甜香片搭配一杯咖啡或熱可可，就是極佳的選擇。此外，加入玉米濃湯，也能激盪出鹹香馥郁的豐富滋味。

儘管它外型不甚起眼，甚至容易被忽略，卻是一支讓人驚豔的產品，這樣的強烈對比，造就出內斂不敗、外放精彩的特色，一如我的求學時代。

 主廚烘焙筆記本 ─────────────

甜香片的知音很多，後來更成為公司預購商品，觀察朋廚民生店的甜香片銷售極佳的原因，在於附近有很多設計公司，像是電影製作公司、廣告文案等創意人才，經常得面對加班的工作型態，沒時間吃正餐，透過咀嚼甜香片能夠提供身體能量，適度釋放禁錮的壓力，使思緒更為流暢清晰。

工程：

法國麵包—

整型	長棍切成 0.8cm 厚片
烤箱	160 度 C /160 度 C
烘烤時間	40 分鐘
器具	鋼盆，打蛋器，濾網

材料

6 條玫瑰鹽長棍

（配方 g）—

牛奶	200
砂糖	60
全蛋	100
動物鮮奶油	300

步驟 —

1/ 將法國麵包切 0.8cm 厚度備用。（圖①）

2/ 牛奶微微加熱後，將砂糖倒入攪拌至溶解後，加入全蛋及動物鮮奶油。（圖②③④）

3/ 過篩後靜置。

4/ 法國片沾上奶蛋液，平沾上砂糖後，整齊擺放至烤盤（糖面朝上）。（圖⑤）

5/ 放涼後，放入密封罐及乾燥劑，防止受潮（可維持 2 週）。

6/ 每個保存環境不一，若有反潮，吃之前再輕烤一兩片，可回復輕脆口感。（圖⑥）

■ 主廚美味入口

法國麵包或吐司，一般在吃不完，變乾了以後，會知道要做成法式吐司。然而做成甜香片（Rusk），除了口味也能深受青睞之外，只要好好保存，還能當成餅乾一樣的乾糧。可說是一種非常聰明及美味的產品。

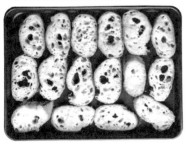

① ④

② ⑤

③ ⑥

黑櫻桃布里歐

Φ

Black Cherry Brioche

廚師跟客人之間的互動，有時彷彿一種促狹，藉由無傷大雅的捉弄行動，達到不那麼嚴肅的教育目的，最後換來的，也是彼此的會心一笑。

我會在麵包標示牌上，寫上幾行小字，然後靜待客人前來詢問：「這個黑嚕嚕的是什麼？」或是一個氣急敗壞的阿嬤上門理論：「沒良心，賣我硬梆梆的麵包？」滿是疑惑的先生太太：「發酸的麵包怎麼還可以賣？」「你們的布丁都有渣渣啦──」

也許你會感到奇怪，聽到這些回應，我依然不急不徐，反而開心起來。

正因他們已經走進我所準備的善意空間，這份難得的機緣，經由對話才使他們恍然大悟，冒出「原來如此」的滿意笑容，像朋友一來一往的交流過程，得到了一個互信的和諧。

黑櫻桃布里歐也是這樣一個好例子，當時開發新產品的時候，我將酒漬黑櫻桃、卡士達跟布里歐做一個連結，做成馬芬麵包的杯子造型，只在品項欄寫上「布里歐」。

「真是可口！」許多客人都以為這是一種別緻的蛋糕，充滿撲鼻濃郁的奶蛋香，綿密柔細的口感，額外帶有一份Q軟彈性，當我解釋它其實是麵包，客人竟張著大口，一副不敢置信的表情，進而對它產生更大的興致。

跟法國麵包的質樸相比，布里歐猶如豐富華麗的盛宴，被譽為「麵包界的貴族」，口感和存在價值有如蛋糕一般，裡頭使用了大量的蛋黃、奶油、糖，早期物質缺乏的年代非常難以取得，何況用來做成麵包，這是一件相當奢華的事，因此早期在法國只有在貴族的餐桌上才看得到。

麵包跟蛋糕有著截然不同的性格，麵包師傅像是開朗陽光的大男孩，屬於行動型，西點師傅則是詩人，屬於思想型，然而要製作黑櫻桃布里歐，卻要有陽光男孩開放熱情，再加上行吟詩人的浪漫細心，才能呈現出專屬布里歐的獨特味蕾。

所有有趣的烘焙知識，可是消費者不一定知道背後原委，因此要如何讓大家理解，又不會感受到無禮的冒犯，成了持續深思的細節。

當客人走進店裡挑選並買下某項麵包，藉由善意交流，瞭解到背後深層的意涵，我多麼希望他能微笑著離開，並期待下回的相逢，把我當成私家專屬主廚，也把朋廚當作自家的麵包坊。

 主廚烘焙筆記本

當我還在學校的時候，布里歐的做法非常豐富多樣，將麵糰整為長棍形狀，擠上一些奶油、撒上糖粉、杏仁片，或作為各式有趣的甜麵包造型，也有加入柳橙絲做成吐司造型，放入烤爐就完成了。用紙杯做成的布里歐麵包，我覺得非常美味有趣。

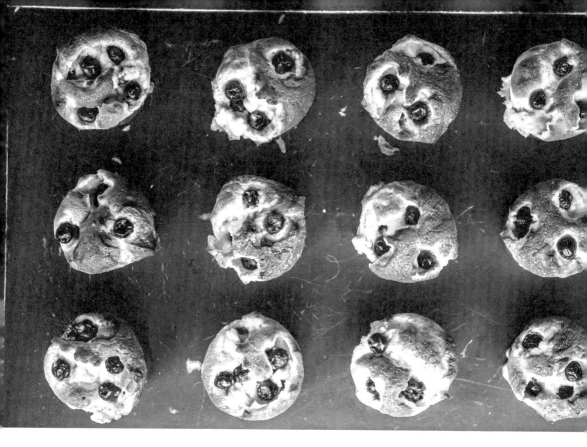

工程	主材料

布里歐麵糰直接法 ——

		(配方 %) ——	
攪拌時間	L3M8 ↓（奶油）L3M5	高筋麵粉	20
麵糰溫度	24 度 C	法國專用粉	80
分割	麵糰 80 克	生酵母	4
發酵時間	基礎 60 分鐘、Punch 後	麥芽精	0.2
	冷藏（5 度 C），隔夜	砂糖	15
	使用 12~18hrs	食鹽	1.5
Bench Time	20 分鐘	全蛋	12
整型	圓型桿平，包入法式卡	蛋黃	30
	士達 Cream+ 酒漬黑櫻	奶油	50
	桃 3 顆	牛奶	36
發酵箱	30 度 C、80% 60 分鐘	小計	248.7
烤箱	上火 180 度 C/ 下火 200		
	度 C、18~20 分鐘		

副材料 1

法式卡士達醬（配方 g）——

每個 20~30 克（依個人口味調整）

牛奶	500
蛋黃	100
糖	100
低筋麵粉	45
奶油	25
香草莢	1 條
小計	770

副材料 2

酒漬黑櫻桃	適量（可隨個人喜好增減或預先酒漬）
烘培紙杯	數個

卡士達 Custrd Cream 作法

1、將香草莢籽取出，與牛奶混和，放入銅鍋加熱。

2、鋼盆依序放入砂糖、低粉，用打蛋器攪拌均勻後，加入蛋黃，再度攪拌均勻。

3、將加溫至 50 度左右，1/4 的牛奶倒入 2 中，均勻攪拌，避免產生蛋花。

4、將 3 的材料注入 1 的牛奶銅鍋中，攪拌均勻，再用細篩網過濾雜質後，回到銅鍋繼續加熱。

5、不斷攪拌，繼續攪拌加溫至煮滾，（避免底部焦黑）。

6、煮滾後（鍋面要有大滾泡泡產生，不然冷卻後的卡士達醬會太稀），再倒入預定保存的鋼盆中，趁熱立即蓋上保鮮膜（防止表面結塊），完全與卡士達貼平，便免空氣產生水氣，冷凝水會破壞保存的狀態。

墨西哥醬配方及作法 (g)

砂糖　100

奶油　100

低粉　100

全蛋　100

以上 4 樣材料，用刮刀輕輕拌勻即可（避免過度拌勻而出筋，導致口感不佳）。

步驟 —

1/ 製作麵糰：除奶油外，全數材料放置攪拌缸，L3M8 後↓奶油再 L3M5~，攪拌至透光薄膜，起缸。

2/ 發酵一小時後，Punch，以保鮮膜包裝，放置冷藏庫 5 度 C，隔夜冷藏 12~18hrs，使用。

3/ 從冰箱拿出，進行分割，約 60 克 1 顆，並滾圓。（圖①）

4/ Bench Time：靜置 20 分鐘使麵糰鬆弛。

5/ 先將 60 克麵糰滾圓壓平，包入 20~30G 卡士達及 3 顆酒漬黑櫻桃，放入小蛋糕杯中。（圖②③④）

6/ 放置發酵箱 30 度 C、80%，約 60 分鐘後拿出。

7/ 麵糰上方輕輕剪開一個十字，可以鑲入一顆黑櫻桃的大小（共 3 顆）。（圖⑤）

8/ 上面再用擠花袋，擠上一圈圈墨西哥醬。（圖⑥）

9/ 放入烤箱烘焙，上、下溫度 180/200 度 C，大約烤 18~20 分鐘即可出爐。（圖⑦）

①

②

③

④

⑤

⑥

⑦

■ **主廚美味入口**

▌ 採用中種做出來的麵包較為柔軟、穩定性佳。

▌ 麵糰發酵一小時後，以保鮮膜包裝，可避免表面乾掉結皮。

猶如絲綢般的質地

鮮奶吐司
Φ
Milk Toast

「媽媽，為什麼鮮奶吐司沒有香香的？」一個小孩拿起包裝袋，調皮地聞著。

「老闆，我買別家的鮮奶吐司，牛奶香氣都好濃郁耶！」那位媽媽看著我，好像要我替她解危。

此時，我的「促狹交流」再次奏效，馬上把握機會反問對方：「你喝牛奶的時候，有聞到剛剛說的牛奶味嗎？」他們說沒有，我說：「這就對了。」

「既然使用同樣的牛奶製作，為何烤出來的麵包卻有牛奶沒有的香氣？」客人也覺得頗納悶。

其實，答案很簡單，差別在於——有沒有添加香料！

「如果自然就能呈現的美味，何必本末倒置，反用人工香料掩蓋掉！」

「相反的，若一定得在麵包中加入什麼，也應該是要能超越原先滋味，使之更為加分，這麼做才具有意義，你說是嗎？」

深深覺得這是可遇不可求的機會教育，尤其在食安問題日益嚴重的當下，我所能做的，就是讓客人瞭解問題的核心：「真正用鮮奶做出的麵包，不該這麼香！」

一九九九年開店之際就推出這款吐司，從事烘焙業絕不是為了讓客人吃到像香料的麵包，而是百分之百使用牛奶代替水所揉出來的麵糰，製成讓人感到幸福的吐司，這份理念至今始終不變。

儘管耗費成本，也無法散發假以亂真的香氣，因為唯有使用鮮奶，才能在烘烤時讓乳糖產生焦化作用，讓最後出爐的麵包呈現漂亮的牛奶糖色澤，單單為了這個顏色，就值得我這麼做。

此外，鮮奶製成的吐司，質地有如絲綢般柔軟，麵皮表面有一層亮度，彷彿透光的綢緞自然潑灑而下，溫潤而動人；加上採用無蓋式的山形烤法，讓麵糰在烘烤過程中自由膨脹，最後呈現猶如火山、皇冠或廚師帽的造型，口感也更為柔綿細緻，蘊藏著廚師獨運的匠心。

從那時起，許多客人真心成為我的朋友，朋廚的忠實粉絲，瞭解我想傳達的烘焙意念，進而肯定嘴中咀嚼的美味。

藉由一條鮮奶吐司開啟的互動，讓我們在絲綢般的交流中，感受彼此的真心誠意。

工程

鮮奶吐司直接法 —

攪拌時間	L3M2 ↓ L1M5
麵糰溫度	28 度 C
分割	210 克
發酵時間	基礎 120 分鐘、（中間 90 分後 Punch 再 30 分鐘分割）
Bench Time	20 分鐘
整型	圓型
發酵箱	35 度 C、85%，45~55 分鐘
烤箱	上火 200 度 C/ 下火 230 度 C、40~45 分鐘

材料

鮮奶吐司（配方%）—

高筋麵粉	50
中筋麵粉	50
SAF	0.8
糖	7
鹽	2
全蛋	10
鮮奶	66
奶油	10

 主廚烘焙筆記本 ——————————————————

很多客人為了小朋友購買鮮奶吐司，或是當作每日餐點，除了材料好之外，如能細心再給予良好的發酵時間，會讓麵包產生更迷人發酵風味，令人垂涎撲鼻麥香，一切辛苦都值得了。

然而，咀嚼過程是一個品味食物的重要儀式，唯有細細咀嚼，才能體會烘焙職人的用心，吃出食物的箇中滋味。

步驟 一

①

②

1/ 將高粉、酵母、鮮奶、全蛋放置攪拌缸，攪拌融合至產生透光均勻薄膜。

2/ 發酵兩小時，發酵一個半小時之後要翻面（punch）半小時，將發酵產生的碳酸擠壓出來，同時注入新鮮空氣。

3/ 分割一個 210 克、1 條吐司模子 6 個，Bench time 20 分。

4/ 利用桿麵棒將麵糰桿平，捲起成烤模寬度大小，由上向下捲折收起，重複二次（二次桿法）。（圖①②）

5/ 使用 24 山形吐司模，模具內放入 6 條塑型後的麵糰（收口朝下），最終發酵 40 分鐘。（圖③）

6/ 用剪刀在麵糰上剪出一條溝，溝上擠滿奶油，增加口感與美觀性（烘焙過後吐司上會出現皇冠）。（圖④⑤）

7/ 放入烤箱烘焙，上火溫度 200 度 C、下火溫度 230 度 C，大約烤 40~45 分鐘即可出爐。（圖⑥）

③

■ **主廚美味入口**

使用二次桿法，可讓麵糰組織更為綿密，使塑型更加順手。

④

⑤

⑥

需要被妥協的美味

肉桂捲
Φ
Cinnamon Roll

一杯咖啡，一塊甜麵包，成就一個無可妥協的愜意午後。

根據報導，台灣一年至少喝掉二十三億杯咖啡，等於平均一天喝掉六百四十萬杯，姑且不論真實性，看看鄰近一條巷弄轉角就有數間裝潢雅致的咖啡店，更別說便利商店的即飲杯，在在證明了咖啡文化已在台灣深耕多年。

我們都不希望生活總為匆忙而錯過，絲毫沒有留下喘息角落，因此進到咖啡廳，有時不是真為了那一杯咖啡，而是為了找到一個空間，可以啜飲當下的哀愁歡樂。

肉桂捲可以是此時最好的慰藉，歐美人喜歡將咖啡配上肉桂捲，可能是寒冷國家需要高熱量食物，隨時補充熱量，傳達簡單直接的精神，淋上大量糖霜的肉桂捲，成了咖啡廳最常見的產品。

「這似乎跟朋廚的養生、低糖、低脂的理念相違背？」很多客人會這麼問。沒錯，的確有相違背，然而這麼多養生品項，若有一款純粹為了偶爾滿足口腹之慾，似乎更能體悟人性的趣味。

健康，永遠立於身心平衡的基點上。與其一味追求健康麵包，倒不如拿回控制權，由自己取捨，什麼時候該妥協、什麼時候該克制，肉桂麵包對我而言，就是一個需要被妥協的美味。同時為了體貼有些想吃又深覺罪惡感的人，設計了一款沒有糖霜的肉桂捲。

一杯黑咖啡、一塊甜麵包，就能讓人迅速充滿能量，繼續往下個目的地邁進，這似乎和現代人講求輕鬆、消磨時間的訴求完全不同，過程可能僅有「一根菸的時間」，這裡卻能藉此獲得一個喘息的機會，為心靈添上滿滿的希望。

製作肉桂捲不需過多裝飾，還原它毫不做作、不矯情的個性，隨意塑型分切，呈現強悍明快的真實面，然而美感因觀點而異，有些顧客會向我抱怨：「這個麵包怎麼這麼醜，為什麼不做精緻一點？」

肉桂捲獨特的風味，帶著濃烈辛辣氣息，讓不少台灣人敬而遠之。

也有客人完全無法接受它的辛辣之氣：「這是不是有肉桂？」

我常被這樣戲劇性的反應嚇到，含有一絲絲肉桂就會跳腳，不過沒有關係，裡頭的解釋有著化不開的鄉愁，後來我覺得既然無法滿足每一位客人，何不好好地滿足真正喜愛它的人，讓來客能夠品嚐最道地原始的滋味，走進這趟不虛此行的味覺饗宴。

這些暫時無法接受的聲音，並不折損它存在的意義，因為我始終相信，只有懂得的人，才能看見事物最真實的美。

它會明白告訴你：「我就是這樣一個存在。」

工程

菓子麵糰直接法 —

攪拌時間	L3M2 ↓ L1M5
麵糰溫度	28 度 C
分割	1400g，40x31.5x6cm 的烤盤準備
發酵時間	基礎 90 分鐘、（中間 60 分後 Punch 再 30 分鐘分割）
Bench Time	20 分鐘
整型	桿平，捲入肉桂糖及葡萄乾，12 等份
發酵箱	35 度 C，85%、40 分鐘
烤箱	上火 180 度 C/ 下火 200 度 C、12~15 分鐘

主材料

12 個肉桂捲（配方%）—

高筋麵粉	40
中筋麵粉	60
新鮮酵母	4
糖	20
鹽	1
脫脂奶粉	3
全蛋	20
水	40
奶油	10
小計	198%

副材料（配方 g）
（麵糰切 1400g）—

肉桂粉	300
葡萄乾	200

 主廚烘焙筆記本 ━━━━━━━━━━━━━━━━━━━━━━━

特意來門市購買肉桂捲的客人，有個相同之處，撇除性別不談，以女生來講，幾乎都是頗有想法的高階主管，大都在國外生活過一段時間，懷念這份滋味。她們充滿自信，說話明確：「什麼時候有？我要買。」和一般家長為小孩而買的感覺不同，有著果決的行動力，確定自己想要什麼，清楚直接表達：「我什麼時候就要——，你什麼時候可以給我——。」完全彰顯肉桂捲的性格。

步骤 —

1 / 直接法攪拌麵糰：將所有材料，除了奶油外放置攪拌缸，用慢速 3 分鐘攪拌至融合，之後中速 2 分，成糰且不黏缸後，放入奶油，慢速 1 分後中速，至麵糰產生透光薄膜，起缸。

2 / 基礎發酵 90 分，發酵 60 分之後（punch），將發酵產生的酸素擠壓出來，同時間注入新鮮的空氣，再發 30 分。

3 / 分割 1400g，bench time 20 分。

4 / 將 1400 克麵糰桿成 40 公分長、30 公分寬大小的麵皮。（圖①）

5 / 糖與肉桂做成肉桂糖粉，平均撒在麵糰上鋪平。（圖②）

6 / 麵糰上灑上葡萄乾。（圖③）

7 / 麵糰上撒水，將之捲成圓柱類似捲軸狀，平均切成 12 等分。（圖④⑤⑥）

8 / 把每一個圓柱型切面朝上，互相輕輕靠著，放滿模型。（圖⑦）

9 / 最終發酵 40 分鐘，麵糰會膨脹至模型的 8、9 分滿。（圖⑧）

10 / 放入烤箱烘焙，上、下火溫度 180 度 C，大約烤 30 分鐘，待表面呈現焦糖色即可出爐。

①

②

③

④

⑤

⑥

⑦

⑧

父親諒解的印記

神户紅豆
Φ
Kobe Red Bean

「神户並不產紅豆，為什麼麵包要叫『神户紅豆』？」

許多客人經常問起的疑惑，解釋的當下，我的思緒彷彿又再次回到那個暑假——

父親帶著我到日本神戶拜訪友人，他是一名到日本定居、做生意的台灣人，育有一個女兒，「弟弟，我帶你去玩——」記憶中的她，曾領著我到當時的中華街到處留下身影，那時的街道宛如電玩遊戲或宮崎駿畫筆下的卡通世界，有著中國牌樓、中式料理名店，也有洋樓花園等西式景觀……，真實與夢幻相雜，彷彿可以在轉角處遇見神奇虛幻的可愛仙怪，充滿一股神祕氛圍，刺激著我的感知神經。

後來那個小姐姐給了我一顆紅豆麵包，處在特異空間下的我，竟覺得異常好吃，一口一口慢慢咀嚼，深怕只是自己的美麗想像，這個味覺感受將此番遊歷和地景揉合起來，化作一段不散的記憶。於是紅豆麵包，開始與神戶有了奇妙的連結。

過去，父親一直很反對我從事烘焙業，在我前往日本留學快要畢業的時候，接到病危通知趕了回來，手裡還帶著前一天學校剛學習到的紅豆麵包。

大姑姑品嚐了以後，向著父親喊話：「你吃吃看，這是我吃過最道地的紅豆麵包！」

臨終前一天，他已經沒有什麼力氣，我對他說：「爸，這是我親手做的紅豆麵包！」扶起並倚靠在他身旁餵他，感受到他漸漸恢復了氣力，彷彿聽見他輕輕說了一聲「好吃」，我的眼淚停在眼眶打轉著，因為這是他第一次對我在烘焙之路的肯定。

我一直以為他可能還沒有釋懷，現在回想起來，當時他願意撐著不舒服的身體吃我所做的麵包，表示已經認同了我的夢想，這個畫面彷彿一個父愛的印記，深深映在我的腦海。

充滿疑問、幻想、歡樂、淚水的神戶紅豆麵包，與我的生命記憶緊緊相繫，牽起了幼時與父親同遊日本的歷程，以及一段親情復歸的軌跡，希望藉由烘培的美味，將這段氣息保留下來。

 主廚烘焙筆記本

神戶紅豆麵包有兩代，第一代添加克林姆起司（cream cheese），帶有一點點乳酪的酸味，可以中和紅豆的甜膩，東洋與西洋的完美結合。

對於克林姆起司的微酸味，部份消費者仍存有疑慮，會抱怨是不是壞掉了，只好回復到原本單純的紅豆概念，或許未來時機成熟之時，會賦予意義重新上架，讓大家體會那份溫暖的美味。

工程
菓子麵糰中種法
中種

攪拌時間	L3M2 高粉，新鮮酵母，10% 的糖及 30% 的常溫水（26 度 C），攪拌
麵糰溫度	28 度 C
發酵時間	150 分（置於攪拌缸內，或放置麵糰發酵箱內，室溫發酵。）

主攪拌

攪拌時間	L3M2 ↓（奶油）L1M5（除了奶油外的所有材料，與 Punch 過的中種，一起攪拌；包括全蛋及水，都要用約冷藏 4 度 C 的溫度進行攪拌。）
麵糰溫度	28 度 C
發酵時間	30 分
分割	60g
Bench Time	15~20 分
整型	圓型，包入 40g 的紅豆餡
發酵箱	35 度 C，85%、50 分鐘
烤箱	上火 180 度 C/ 下火 200 度 C、12~15 分鐘

主材料

中種（配方%）──

高筋麵粉	50
新鮮酵母	4
糖	10
水	30

主攪拌（配方%）──

中筋麵粉	50
鹽	0.8
糖	15
全蛋	9
水	21
奶油	10
小計	199.8

副材料
餡料──

紅豆餡	每 40 克 / 顆

步驟 一

1/ 製作中種麵糰：將高筋麵粉、部分糖、新鮮酵母、常溫水、放置攪拌缸，約 L3M2 攪拌至融合，常溫發酵 150 分後 Punch。

2/ 製作本攪拌麵糰：將剩餘材料及本種麵糰一起攪拌至產生透光均勻薄膜，起缸。

①

3/ 基礎發酵 30 分後分割，Bench Time。

4/ 進行分割，將麵糰分割成約 60 克一顆。

5/ Bench Time：靜置 15~20 分鐘使麵糰稍作休息。

②

③

④

6/ 將麵糰桿開，將 40 克紅豆餡包入麵糰中。（圖①②③）

7/ 放置烤箱鐵盤上，再放入發酵箱進行最終發酵 50 分鐘。

8/ 用麵包刷在麵糰上刷上薄薄蛋液，點上芝麻。

9/ 放入烤箱烘焙，上、下溫度 180/200 度 C，大約烤 12~15 分鐘即可出爐。（圖④）

■ 主廚美味入口

▍紅豆餡可至烘焙材料行購買，或自行煮紅豆湯，將紅豆粒熬成泥狀。要注意少糖的紅豆餡易酸化腐壞，須盡快食用完畢。

▍麵糰點上芝麻時，可利用瓶蓋沾水後沾芝麻，再點到麵糰上。

《教父》的華麗家族觀

黑橄欖佛卡茄
Φ
Black Olive Focaccia

一直以來自認為屬於法式浪漫派,沒有料想到,骨子裡竟然是義式「教父」的家族價值觀?

因為對於法國文化的憧憬,前往法國製菓學校習藝,把法國麵包視為朋廚的精神標竿,更將自己的烘焙坊取名「Bonjour」,骨子裡卻傾向義大利的分享概念!

黑橄欖佛卡茄源自義大利，和法國麵包一樣都屬於主食類，具有嚼勁，儘管義法文化不同，卻有相同概念，因此製作這款麵包時，避免和法國麵包性質過於雷同，保留義大利特色之外，也使它的口感較為柔軟。

由於麵糰帶有義式香辛料，放上黑橄欖切片送入烤爐，緊接著出爐時塗上橄欖油，即成朋廚版佛卡茄。

人在探求自己的過程，就像剝洋蔥般一層一層挖掘出潛藏的內心世界，不敢說出口的秘密、忍耐的苦澀、真實的渴望、原始的欲求，通通在眼前明朗呈現出來，藉由心靈啟發課程，以及烘焙習藝之旅的歷練，漸漸發現自己的性格不那麼講求自由浪漫。

我並不是一個過度浪漫的人，但對於「美」這件事，卻有著冥頑不靈的堅持，直到重新檢視自己的用品，才發現大多都來自義大利，而非法國品牌。

義大利人有著濃厚的家族觀，一如華人「父子有親，夫婦有別，君臣有義，長幼有序，朋友有信」的五倫關係，加上黑幫組織近似於台灣早期的兄弟情誼，特別講究義氣，使得這種華麗文化之中，帶有濃濃的階級跟尊嚴，呈現於餐桌上，則是大家圍繞一塊，同桌共飲，不同於法國人拿起一套餐具，畫上地盤，各自為政，壁壘分明。

佛卡茄麵包就是我對義大利文化的一種連結，有著方大突兀的外型，點綴著華麗的黑橄欖，看起來很漂亮、很豐富，然而一般消費者若是沒有經過解釋，不太知道如何正確食用，誤以為它是沒有變化的麵包。

其實它有各種變化，就像義大利廚房裡各色各樣的食材，能完美搭配出全家人共享的創意料理。

儘管我傳承自法國文化精神，卻有著義大利的餐桌靈魂，希望這份歡愉分享的氛圍，能透過佛卡茄傳達到你的手裡。

工程

佛卡茄麵糰直接法

攪拌時間	L3M5 ↓（橄欖油）L2M3
麵糰溫度	28 度 C
分割	800g，26x36cm 的烤盤準備
發酵時間	基礎 120 分鐘、（中間 90 分後 Punch30 分鐘後分割）
Bench Time	25~30 分鐘
整型	麵棍桿平，烤盤大小
發酵箱	28 度 C、80%，40 分鐘
烤箱	上火 180 度 C/ 下火 200 度 C、12~15 分鐘

主材料（配方%）—

高筋麵粉	60
中筋麵粉	40
水	57
牛奶	10
煉奶	5
橄欖油	5
糖	4
鹽	2
SAF	0.8
法國隔夜麵種	30
小計	213.8

風味佐料（配方%）—

粗鹽	少許
迷迭香	適量（依個人喜好調整）
黑橄欖	適量（依個人喜好調整）

 主廚烘焙筆記本 ────────────────────

佛卡茄麵包正確吃法：第一可以直接用手撕著吃，第二可剖開形成吐司三明治，夾入生菜、燻鮭魚、酸黃瓜、火腿片等配料，即成義大利風味餐，任由自己喜好妝點。

另外，還可以把烤焦的佛卡茄切成方塊或條狀，鋪在沙拉上頭，變化成一道可讓很多人食用的有趣點心，凸顯義大利分享的創意概念。

Bonjour 夢享的出發點

115

步驟 —

1 / 除了橄欖油、義大利香料粉之外的材料，全數倒入攪拌缸攪拌。L3M5 下橄欖油 L2M3，攪拌至微透光薄膜，加入義大利香料粉，拌勻後即可起缸。

①

2 / 基礎 120 分鐘（中間 90 分後 Punch30 分鐘後，分割 800g）。

3 / Bench Time：25~30 分鐘後，用麵棒將麵糰均勻桿平。（圖①）

②

4 / 將麵糰移到烤盤上，用針狀輪刀刺出氣孔。（圖②）

5 / 塗上薄薄橄欖油，灑上迷迭香葉及黑橄欖，放入發酵箱：28 度 C 、80%，40 分鐘。（圖③）

6 / 送入烤箱：上火 180 度 C/ 下火 200 度 C、12~15 分鐘。

7 / 出爐後，趁熱刷上一層薄薄的橄欖油，並灑上粗鹽即完成。（圖④⑤）

③

■ 主廚美味入口

將麵糰用針狀輪刀刺出氣孔，可防止烤焙時的氣孔產生，並使之受熱均勻（若沒有輪刀，也可以用手指平均輕戳）。

④

⑤

117

潘妮朵霓

Φ

Panettone

十五世紀的米蘭，一位年輕貴族為了麵包店女兒，喬裝成學徒的愛情
故事，為一段美好所見證的美味……

在東京製菓學校學藝過程，學習了近兩百多種世界各地美味奇幻的麵
包點心，最讓我感到驚艷的便屬潘妮朵霓。

除了巧妙賦予的動人故事，蘊涵著烘焙師傅為了夢想，窮盡一身功夫及資源，只為了烘烤出令眾人讚嘆的麵包，以及耗費多道工序，慢慢培養天然酵母的背後，那份敬天愛人的思想。

年輕貴族愛上了專為皇室製作甜點的麵包店的女兒，便喬裝學徒以方便接近心上人，身為老闆的父親知道後，為了考驗這對年輕戀人的真心，要他做出一款能夠吸引人群大排長龍的美味麵包。後來歷經萬千試煉，果真烘焙出充滿黃金色澤的水果麵包，店門口排滿了難以抗拒的男女老少，彷彿為這段美好愛情做了最好的見證，潘妮朵霓因此得名。

一般麵包大概半天，至多一天就可以從無到有的完成，可是潘妮朵霓卻要三倍時間，甚至更長。

正因為需要培養酵母菌，透過長時間餵養等待的天然發酵，才能成就老麵，常會因天氣不佳或過程忽忽而有所閃失，致使整個老麵酸化，對於師傅而言，製作潘妮朵霓更要抱持謹慎態度，其中隱含敬天的概念，當你一切都準備好了，必須承擔老天爺不賞臉，可能失敗的風險。

因此，每一顆潘妮朵霓變得更加珍貴，猶如上天恩賜的贈禮。

一個潘妮朵霓代表一個心意，我每每想像每一個都會被帶到漂亮家庭，放在一個餐桌上，大家圍著它開心地享用，本著這股意念，師傅於製作過程就注入祝福的熱情，使得潘妮朵霓成為「祝福麵包」的首選，同時成為朋廚的鎮店之寶。

製作潘妮朵霓的過程，我總會和麵糰對話，讓它明白我的情意，每次翻麵或餵養的時刻，發自一種源自內心的愛，輕輕地拍拍它：「你要好好長大，最後被帶回好人家！」

工程

天然酵母中種法—

中種

攪拌時間	L2 ↓（種）L3 ↓（奶油）M5
麵糰溫度	28 度 C
發酵時間	15 小時（放置麵糰發酵箱內，室溫發酵）

主攪拌

攪拌時間	L10 ↓（奶油）L5M2 ↓（水果）L1
麵糰溫度	28 度 C
發酵時間	60 分（28~30 度 C）
分割	380g
Bench Time	不用，直接整型，入模
整型	圓型
發酵箱	28 度 C，85%、6~8 小時
烤箱	180 度 C/180 度 C、45 分鐘

主材料

中種（配方%）——

高筋麵粉	100
優格 3 次種	20
（參見 P124~127）	
糖	20
蛋黃	10
純優格	20
奶油	15
水	20
小計①	205

本種（配方%）——

糖	15
蛋黃	24
蜂蜜	3
鹽	18
純優格	4
奶油	18
蜜水果	70
小計②	135.8
總計①＋②	340.8

 主廚烘焙筆記本 ————————————————

「天然酵母」四個字，不單單代表酵母是天然的，整個製程都是一個天然工法。

潘妮朵霓屬於義大利米蘭地區的聖誕麵包，口感偏乾，我做了一些調整，放入較多水果，出爐後需經過一星期至兩星期的放置達到二度熟成，使油脂、糖、酒氣、葡萄乾再度轉換融合，美味盡顯，才是品嚐的最好時機。

後來除了聖誕口味之外，因應春節做的黃金福貴，運用傳統食材桂圓、黃金葡萄等，作為春節禮品，希望透過潘妮朵霓的敬天意涵，取代傳統供桌上的發糕，傳情達意。

步驟 ——

①

1/　製作中種麵糰：將所有材料（除了種及奶
　　油）一次性的放置攪拌缸，用慢速攪拌，
　　並依序放入種及奶油。（參照工程時間）

2/　起缸，滾圓，放置發酵箱，蓋蓋子，室溫
　　發酵 15 小時。

3/　製作本種麵糰：將中種麵糰放置攪拌缸
　　中，慢速啟動，先將糖及蛋黃、分三次依
　　序加入攪拌，待蛋黃整個吃進麵糰後，再
　　依序加入蜂蜜，及純優格後鹽巴加入，最
　　後將奶油分 3~4 次加入（每次都要將奶
　　油均勻吃入麵糰後，才能再加入）攪拌均
　　勻，成為光滑薄膜。（圖①）

②

4/　果乾前一天蜜漬完成，將蜜漬果分三次慢
　　慢餵入麵糰中，均勻後起缸。

5/　起缸，分割 380g 滾圓整型（桌面抹薄薄
　　的沙拉油，避免黏手，此麵糰非常柔軟，
　　小心整型），放入模子裡，進行最後發酵。
　　（圖②③④）

6/　當麵糰發到模子的 9 分滿的時候，放在室
　　溫，當表面濕度微乾時，用剪刀淺淺的剪
　　出十字，並在中間放上一小塊奶油（切面
　　幫助烤焙時漂亮均勻的膨脹）（圖⑤）

③

④

⑤

⑥

7/ 放進烤箱，180 度 C／180 度 C、45 分鐘。

（圖⑥）

8/ 出爐後倒扣放涼（成品會更挺更美觀）。

（圖⑦）

天然酵母優格種
（續種）作法

一、天然酵母優格種

帶點優格香微酸的麵種，使用無糖優格，再加入蜂蜜作為菌種的營養源，其中包括三次種以後的續種，需要注意保存，避免過酸或使發酵力弱化。

材料

優格種配方（配方 g）──

純優格　200

蜂蜜　65+30

　　　（第 4 天時要再追加 30g）

水　500

優格種作法 ──

1/　將材料放入洗淨加熱殺菌過的玻璃杯，均勻攪拌混和，28 度左右。

2/　早晚各均勻混和一次，連續 6~7 天。

3/　第四天左右，產生氣泡時，再追加入蜂蜜，約 2、3 天後，就會有酒精及發酵酸味，測量糖度約為「7」時，就可冷藏保存（10 日左右）。

二、優格種的續種

材料

一次種（配方%）──

　高筋麵粉　100

　　液種　100

作法 ──

1/　液種從冰箱取出，放置室溫 1 小時候，
　　準備與粉攪拌。

2/　材料混和均勻 L5 後，滾圓放入麵糰塑
　　膠發酵箱，放置常溫 28 度處，發酵 12
　　小時。

材料

二次種 (配方%) ——

高筋麵粉	100
鹽	1
一次種	100
水	50

作法 ——

所有材料混和 L10，麵糰溫度 28 度 C，滾圓放入乾淨塑膠袋中，外面用棉布包好，用繩子（如圖示）綁好，放置常溫 28 度處，發酵 2~3 小時，若麵糰鼓起，代表發酵良好，冷藏 2~5 度 C，可保存 1 週，須採以下方式保存：

步驟 ——

1/ 準備一條棉布和棉繩，和一個塑膠袋。（圖①）

2/ 把麵種放進塑膠袋中，擠出空氣。（圖②）

3/ 外圍再用用棉布細心摺疊包裹。（圖③）

4/ 再用棉線反覆綁實。（圖④）

5/ 包裹完後輯，即可放入冰箱冷藏一週左右。（圖⑤）

①

②

③

④

⑤

材料

三次種（配方%）——

高筋麵粉	100
鹽	2
二次種	100
水	50

作法 ——

1/ 在要做中種前的 3 小時前，進行三次種的攪拌。

2/ 二次種提前 1 小時，鬆開繩子從袋子拿出室溫回溫，所有材料混和 L10，麵糰溫度 28~30 度 C，備用。

簡單極致的美學

法式檸檬磅蛋糕

Φ

Lemon Pound Cake

「料理精髓不在高級食材，而是取材新鮮，加上創意，做出真正令人感動的料理……」

日本製菓學校有一棟位於箱根的別墅，專門教導餐桌禮儀，規定學生必須盛裝出席，因此同學們都大手筆的治裝，男生打領結穿西服，女生著連身晚禮服，由老師帶領參與，並指導整個用餐過程，兩天一夜的課程也被視為畢業旅行。

還記得當晚的法國餐宴是由一名日本師傅掌廚，他採用箱根在地的當季食材做料理，並親自介紹每道菜的設計理念，使用哪些手法呈現出眼前的美味。

他教導我們一個觀念：料理的精髓，不一定在於遠渡重洋引進高級食材，更重要的是如何取材於身邊最新鮮的物品，加上廚師的創意，做出真正令人感動的料理。

那時候正是秋天，感受到一股微微的涼意，臉上映出的緋紅如同楓葉的顏色，學校別墅的大廳插了一盆很美麗的花藝，雖然取自路邊盛開的野花，卻很能呈現當季的風景，獨特而漂亮，讓人覺得一份簡單的巧心，就能發揮極致美學。

如同磅蛋糕，成份不外乎雞蛋、奶油、麵粉，最特別之處是把檸檬本身的內含物，由裡到外發揮到淋漓盡致。

檸檬清香之處在於綠色果皮，我用小刮刀輕輕地把它一層層刮取下來，避開苦澀的白色部份，切碎後拌入麵糊，讓檸檬的清新融入蛋糕之中；蛋糕烤好後，再將鮮榨的檸檬汁趁熱淋上去，讓檸檬酸整個滲入蛋糕體。

最後呈現面前，能夠聞到檸檬清雅的酸甜，品嚐到檸檬皮所迸出的天然檸檬油香氣，讓這款檸檬蛋糕有別於一般的雅致爽口，彷彿踏在秋日的落葉小徑，涼風吹徐，鳥語低吟，感受一份輕鬆愜意的享受。

我們常將一個東西取出了好的部分而捨棄其他，往往忽視了其中的真正價值，如同檸檬多半取其汁液及果肉，殊不知最能豐富味蕾的部位乃是果皮。這款蛋糕教會我如何善盡食材，找出被遺忘的美好。

一如我在日本別墅大廳看見的盆花，那份深刻，來自簡單。

 主廚烘焙筆記本 ─────────────────────

加了檸檬汁的磅蛋糕較為濕潤，可再放置一至三天使其熟成，口感更美味。

由於添加檸檬汁、檸檬皮，這款蛋糕適合作為解膩用的餐後甜點，若在肚子餓時食用反而傷胃。台灣的氣候比較炎熱，冷藏存放以後會稍微硬一些，也不失為一種冰涼的食用方式，但常溫品嚐較能體會味覺的層次。

工程
攪拌　鋼盆打蛋器，用手攪拌
靜置　4 小時
分割　2000 克
模具　45x16x40 mm，左右模子 2 個
烤箱溫度　上火 200/ 下火 200
時間　30 分鐘

主材料（配方 g）——

低筋麵粉	100
全蛋 2 顆	100
細砂糖	125
無鹽奶油	100
動物性鮮奶油	50
無鋁泡打粉	1.5
鹽	0.5
新鮮檸檬皮	2.0

副材料

檸檬糖汁 檸檬 1 顆榨汁 + 糖粉（1：1）

模具 長條蛋糕模

步驟 一

1／ 檸檬洗淨擦乾，使用刨削皮屑的器具，刨好檸檬皮屑備用（避開會澀的白色）。
（圖①②）

2／ 檸檬皮先與糖攪拌均勻，使檸檬皮均勻分布於砂糖裡。（圖③）

3／ 將雞蛋、鮮奶油、鹽、糖、檸檬皮放入鋼盆內，攪拌均勻，不須打發（A）。

4／ 將麵粉及泡打粉均勻過篩（B）。

5／ 分多次將 B 加入 A 中。

6／ 靜置 4 小時，目的是讓麵糊更為融合，微微產生筋度作用，4 小時則是我最愛的口感（微微 Q 彈軟綿）。

7／ 用小火將奶油液化後（微溫熱即可），分次加入麵糊中，輕輕拌勻至有點光滑（切勿過度攪拌出筋）。（圖④）

8／ 將麵糊裝入蛋糕模具約 8 分滿，放入烤箱以上火 200 度／下火 200 度 5 分鐘後，用尖刀在微結皮的表面劃開一道直線，再以 160 度 C 烘烤 30 分鐘左右。

9／ 檸檬糖汁擠好備用，蛋糕出爐後立即刷在蛋糕表面，讓檸檬汁吸入蛋糕體內。
（圖⑤⑥）

①

②

③

④

⑤

⑥

■ 主廚美味入口

▌刨檸檬皮屑時,注意只需保留綠皮部份。

▌麵粉和 BP 事先要攪拌,並且過篩。

▌麵糊休息最少 4 小時後,再拌入奶油。

▌檸檬汁可依個人口味喜好,刷 2~3 次。

▌夏天食用建議:冰入冰箱隔天吃,蛋糕口感更 Q、風味更佳!

▌冬天食用建議:食用前以 120 度中火微烤,搭配紅茶,更能享受這份溫暖滋味!

如花盛開的雪球

法式繽紛花球

Φ

Financier—Matcha, Chocolate, Original

一路的學習之旅，就像繁花一般盛開，在味蕾與心間留下斑斕色彩……

我在箱根別墅第一次學習法國餐桌禮儀時，由於一邊聽老師講解，一邊實際操作，可說是細心地品嚐每道菜，用完整套餐點足足花了將近三個多小時。

用餐之前，先上了半小時的西餐禮儀，從叉子跟刀子怎麼擺放、如何使用，以及不同類型的肉類有著各自代表的刀叉，像是海鮮的刀叉比較大、寬柄，方便剝殼；牛排的刀子比較細、鋒利，方便分切。

主菜共有海、陸、空三道料理，中間還會有小小的餐點，可能是湯品、麵包、甜點，用以平復味蕾。

取得日本製菓學校認證之後，之後再到歐洲做研修旅行，又拿回兩個歐洲製菓學校的修業證書，這一路的學習之旅，就像繁花一般盛開，在我的味蕾與心間留下斑斕的色彩。

這段法式禮儀的訓練，讓我更了解法國餐飲的核心，從細節上體貼尊重每個客人，就如同費納雪（Financier），一開始是為了取悅巴黎證交所的金融界人士，做成的金磚造型，方便忙碌中的能量補充，現在則成為法國甜點的代表之一。

雖然費納雪有著「金磚蛋糕」的稱號，美好的意念，討喜的外型，卻在台灣市場反應冷淡，考察原因可能在於口味變化較少，加上地屬炎熱環境，這類用杏仁和奶油製作的扎實蛋糕，容易讓人膩口。

一股不服輸的性格再度跑了出來，既然金磚不成，就讓它變成鑽石吧！

我找了坊間圓形與花朵的模具，製作色彩繽紛、造型多樣、小巧可愛的費納雪甜點，共有三種不同口味：原味、巧克力、綠茶，顛覆了先前不起眼的外型，組成一款綜合包試賣，重新命名為「杏仁花球」，果然大開銷路，頗受女性顧客歡迎。

費納雪對於外國人的咖啡文化而言，是一種提味與心情的轉換；朋廚的杏仁花球，為了貼近在地性，藉由細節上的用心，轉換原始缺點，變成符合消費者需求的優點，這份如花盛開的雪球，也可以是炎炎夏日的消暑良伴呢！

 主廚烘焙筆記本 ————————————

朋廚的杏仁花球小巧可愛，吃起來不會太膩，綜合包用意在於分享，你一口、我一口的小點心，可供一群人聊天增進情誼。從一個人吃不完，進化成大家共享的概念，是製作師傅費心的巧思，開店至今已走過十幾個年頭，依然是朋廚的當家產品。

工程

攪拌　鋼盆，打蛋器，手攪拌
靜置　1 晚冷藏
模具　圓徑 25mm 左右的矽
　　　利康模子 2 個
烤箱溫度　上火 200/ 下火 200
烘烤時間　18~20 分鐘

主材料

約 90 顆（約 6.7 克 / 顆）

（配方 625g）——

蛋白　180
無鹽奶油　150
細砂糖　100
杏仁粉　70
低筋麵粉　60
糖粉　65

基底材料（g）

原味 - 低筋麵粉　5
抹茶粉 2g+ 低粉 3g　5
可可粉　5

步驟 ──

1/　將蛋白、砂糖放入攪拌器內攪拌均勻，稍微打發至濕性打發。

2/　粉料（杏仁粉、低筋麵粉、糖粉、口味調整的可可粉、抹茶），事先拌勻過篩。

3/　基底材料分多次加入蛋白液中拌勻。

4/　把已融化的奶油，慢慢加入麵糊中拌勻，分成三等份，加入調味粉料。

5/　以上材料放入冰箱一晚。

6/　隔日分裝到擠花袋，再擠入造型烤模中，入烤箱上火 200 度 / 下火 200 度，烘烤 18~20 分鐘。（圖①②③④⑤）

①

②

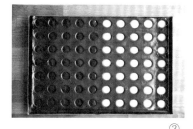

③

④

⑤

■ 主廚美味入口

▌花球麵糊經過一晚上的熟成，產生的筋度，會
讓原本是蛋糕的口感，變得表面有些脆度，好
像餅乾，裡面又像蛋糕的滋味，小巧的一口點
心，很適合想吃甜食，又怕太大口的美女們食
用。

法式伯爵茶布丁

Φ
Earl Grey Pudding

真正的日本花藝有一點孤獨之美，充滿「寂」的意念，點綴著一些紅花、草花、楓葉，它的豐收屬於個人，呈現一種孤獨之美。

它的美融合於景之中，不同於中國的花團錦簇，和諧團圓的表現，有一些孤芳自賞的氛圍，如同打禪，讓人感受到內在的安定。這純粹是我對插花的觀察與印象。

同樣地，布丁也有這種況味，捧在手心前一勺一勺挖取品嚐，原本豐滿的內容慢慢掏空不見，卻多了一些思考回顧的空間。

如何讓這個「從有到無」的味覺過程更加深刻？

布丁除了本身質地滑順、香甜可口，焦糖也扮演了極重要的角色，可以讓布丁本身的滋味更加豐饒，縈繞一股由苦轉甜的甘美。

人們早年製作布丁就懂得使用焦糖墊底，若焦糖為甜，容易甜上加甜反而膩口，如同超市販售的化學布丁，由香料製成的焦糖缺少誠意；若焦糖為苦，反而襯托出味蕾層次，堅持以手工烤成酥脆的焦化狀態，提升味覺感知，才能體認出「先苦後甘」的哲理，是一種人生智慧的展現。

將布丁真正做到好吃是一門學問，想要做出屬於朋廚的特色，更須下一番工夫。

我個人非常喜歡伯爵茶，因此希望開發一款伯爵茶口味的茶布丁，研究了許久，嘗試將伯爵茶的茶味煮進牛奶裡，是相當繁複的動作。

布丁除了原先的焦味、蛋奶香，又加入伯爵茶香氣，當中的佛手柑具有安定神經的功效，這款布丁除了口味好吃，同時具備一股安定的力量，可以在品嚐過程裡感到滿足，療癒疲憊的身心。

許多客人曾經反映「布丁太焦了，吃起來帶有苦味！」或是「布丁裡面居然有茶渣耶！」因此初期販售時反應不佳，但我深信這份堅持是值得的，怎麼可以因為害怕失敗，就做出欺瞞顧客的半調子成品呢？

每個人都該有鑑賞美味的權利，這是身為一名烘焙職人需要對他的客人扛起的責任。

經由花費心力面對面分享，茶渣是一種刻意保留的美味，非香精香料製成的證據，苦澀是為了帶出味蕾的雙重享受，這些原本被誤以為缺點的部份，慢慢地有客人明白它實際的優點，以及背後美好的隱喻。

這份由苦澀轉化而來的甘美，不只讓一名師傅感動，也期許能讓某一位品嚐者體悟出人生的感謝。

工程

攪拌	取鋼盆，打蛋器，用手攪拌
模具	120cc 的布丁杯
烤箱溫度	蒸烤箱 120 度 C
烘烤時間	22~25 分鐘

主材料

110 克 / 約 17 杯

（配方 g）——

砂糖	145
牛奶	720
伯爵茶葉	10
蛋黃	240
全蛋	50
伯爵茶粉	5
動物鮮奶油	720
小計	1890

焦糖的煮法 (g) ——

白糖	120
水	30

1/ 銅鍋洗淨、擦乾，放入砂糖及水，以中火焙煮，過程中不攪拌。

2/ 待糖水邊緣開始焦化時，依照自己喜歡的焦味及濃稠度，關火，並將鍋子移至旁邊準備好的冷水，令鍋底降溫。

 主廚烘焙筆記本 ━━━━━━━━━━━━━━━

當法式伯爵茶布丁慢慢累積名氣，成為部分熟客的最愛，有次髮藝天后吳依霖老師在《康熙來了》的「女明星私房甜點」介紹朋廚的伯爵茶布丁，藉由一小段分享，和現場來賓的實際品嚐與互動，沒想到媒體力量與網友們的積極蒐尋能力，導致第二天大量電話不斷湧進朋廚，之後伯爵茶布丁就一夕爆紅，受到了更多人青睞，讓這款布丁成為朋廚的另一個代名詞。

步驟 —

1 / 預先製作焦糖，冰入冰箱使焦糖硬化。
（圖①②）

2 / 鮮奶中加入伯爵茶葉，煮到茶香出來，濾
出茶葉。（圖③）

3 / 加入砂糖，攪拌均勻（利用餘溫把砂糖融
化）。（圖④）

4 / 蛋黃輕輕打散拌勻。

5 / 加入全蛋液及動物鮮奶油，攪拌均勻。

6 / 用細目濾網開始過濾蛋奶液。

7 / 將結塊的焦糖敲碎，裝到容器底，再輕輕
倒入蛋奶液。

8 / 隔水蒸烤布丁。（圖⑤⑥）

■ 主廚美味入口

▋蛋奶液要確實過濾，蒸出來的布丁才會光滑。

▋分裝到容器中時，如果有大小不一的氣泡，可
以用火槍消滅。

▋伯爵茶粉是為了增加視覺及口味，若沒有也沒
關係。

▋Bonjour 的焦糖，特意帶點微苦味，對於甜點來
說，反而能提升甘味層次，也能去甜膩。

①

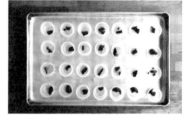

②

③

④

⑥

⑤

卡努内

Φ

Cannelé

當我們以為，所有甜點都是為了滿足女性，卡努內卻是一項專屬於紳士的小點⋯⋯

「法國人的浪漫，展現在紳士淑女間的對話、舉止？」

耳畔的濃情蜜意，臉貼臉的問候，就連用餐時刻的餐點陳列、環境氛圍，讓人感受到他們不僅是應付吃飯這件事，彷彿視為參與一場饗宴般的得體隆重，帶有一股優雅的氣質。

當女士入座，男士協助拉開座椅；當女士離席，在座男士紛紛起立表示敬意。

當我們以為所有的甜點應該都是為了討好女性而製作，卡努內卻是一項男性化的甜點。許多不喜歡甜食的男生，也會愛上卡努內外脆內 Q 的口感。

卡努內是法國波爾多地區的一道點心，傳說是從修道院流傳出來的甜點，卻因為手工繁複、造型時髦、口感特殊，一躍成為時尚巴黎的甜點寵兒。

卡努內的配方類似布丁，只是多添加了麵粉、蘭姆酒等，製作過程需要讓麵糰經過一天的休息，使筋度產生變化，接著放入紅銅製成的模具烘烤，裡頭先刷上一層可食用蜜蠟，紅銅的導熱均勻，幫助卡奴內表面的蜜蠟產生焦化的用，形成表面迷人的焦脆口感。

法國許多甜點都會經由焦化表現，還需「睡上一晚」才行，令我時常想起——法國民族性的浪漫精神，可說完全體現在卡努內上頭。

品嚐過程，感受得到外苦內甜的層次，甚至在甜味結束後，焦香味還留存在記憶的味蕾中重新融合，而且在不同時段食用，都有不同階段的驚喜口感，如同法國香頌的歌詞：「C`est La Vie（這就是人生）！」不由得讓人細細品味。提起浪漫派，就想到了擅長視覺設計的好友 Flora，每次跟她聊起 Bonjour，總能給予許多有趣的想像空間，喜愛旅行的她，經常帶回一些有趣小物，就像圖中的骨董玩具車，有著一份貼心的浪漫。

卡努內長相並不起眼，像是一頂廚師帽，又像法國波爾多的紅酒軟木塞，坊間有譯成「可露麗」、「可麗露」，但我自己偏好翻成「卡努內」，一個符合它性格的名稱。若甜點具有性別之分的話，黝黑的卡努力對我而言，無疑是一款紳士的甜點，有別於許多甜點的花俏、可愛，外在帶著深沉的穩重，內涵具有豐厚的層次。

 主廚烘焙筆記本 ─────────────────

過去坊間很少販售這款商品，只有某幾間有外國主廚的大飯店才有，一直到現在成為各處可見的普及點心，很多客人還是經常回到朋廚，對我說著：「朋廚的卡努內是我記憶中最好吃的！」

工程

攪拌　攪拌缸，槳狀，L7

靜置　過濾，冷藏隔夜最
　　　少 15hrs

模具　卡努內專用銅模，
　　　內層灌蜜蠟

烤箱溫度　上火 160/ 下火 230

烘烤時間　50 分鐘

主材料（配方 g）——

砂糖　　　　500

低筋麵粉　　250

全蛋（3 顆）150

奶油　　　　50

鮮奶　　　　1250

蘭姆酒　　　150

步驟 ——

1/ 鮮奶煮滾備用，拌入前要先降溫至 80 度 C。

2/ 將砂糖及低粉用槳狀拌勻後，加入奶油。

3/ 全蛋加入，隨即將煮沸降溫至 80 度 C 的牛奶沖入（此刻起，開始計算慢速時間 L7）。

4/ 注意牛奶溫度要為 80 度 C（燙麵法，稍稍破壞麵粉的筋度）。

5/ 攪拌完成前，倒入藍姆酒後，用細目濾網過濾。

6/ 靜置，裝桶冷藏最少 18 小時。

7/ 裝模：銅模內層要先上薄薄的蜜蠟，待蜜蠟冷卻固狀後，才能灌入卡努內液 9 分滿。（圖①②③④）

8/ 烤箱溫度上火 160/ 下火 230，烘烤時間 50 分鐘。（圖⑤⑥⑦⑧）

■ **主廚美味入口**

源自於修道院的甜點，在遠古物資缺乏的年代，只有金錢與權力集中的修道院才能有設備完善的烤箱。砂糖，雞蛋等，都算奢侈品，更別說是蜂蜜跟蜜蠟了，用蜜蠟作為方便銅模脫模的材料外，特殊的焦化作用，更是讓卡努內的表皮，有著特殊的焦脆及芳香。

特殊的焦脆口感，常溫只能維持短短的一天。也有人喜歡回軟後的口感，冷藏保存，冰冰的吃，也能品嚐到多層次又富個性的焦香甜美。

146

①

②

③

④

⑤

⑥

⑦

⑧

法式水果布丁蛋糕

Φ

Mixed Fruit Custard Cream Cake

「華麗夢幻的水果盤，簡直就像藝術品！」

這款水果布丁蛋糕，極度適合家庭團聚的氣氛，不只讓人吃了開心，也讓生日主角榮幸備至。

第一次吃生日蛋糕的印象，記得是在我四歲生日的時候，父母告訴我：「今天是你的生日喔！」當時表哥、表姊、家族中的大小朋友都到家中幫我慶生，圍在一起唱歌、吃蛋糕、吹蠟燭，在心頭留下一種相當奇妙的感覺。

那時候的生日蛋糕是巧克力口味，外頭不是現在常見的鮮奶油，上面裝飾著幾朵顏色鮮豔的玫瑰花。

我的記憶中非常討厭這些玫瑰花，因為壽星通常被分到吃玫瑰花，吃了以後發現好硬好難吃，從此以後對這類生日蛋糕留下不好的印象。

大約自民國六〇年代後期，台灣才出現所謂的鮮奶油蛋糕，掀起了生日蛋糕的大革新，取代了由奶油做成的玫瑰花，時代落差的記憶也漸漸隱沒在那一年難忘的生日歌曲……

朋廚超人氣的法式水果布丁蛋糕，特別之處在於外圍有一圈鬆軟好吃的手指餅乾，作為蛋糕的外衣，減少了鮮奶油的使用，既能兼顧低脂、留住水份，對於蛋糕體的美化也有很大的加分作用，整個外型如同一頂皇冠，除此之外，手指餅乾脆脆綿綿的口感與內裏蛋糕的鬆軟口感，營造出豐富的層次。

蛋糕內在餡料鋪以法式 Custard cream 卡士達，中間夾了水蜜桃跟奇異果，上面擺滿各式當季的新鮮水果，豐富的氣息與繽紛的色彩，一打開就換來全場驚呼連連：「太漂亮了！讓人不捨得吃！」「華麗夢幻的水果盤，這簡直就像藝術品！」使得朋廚的法式水果布丁被網友票選為「台北十大夢幻蛋糕」之一，非常適合團聚氣氛，許多正式場合或私人聚會都會指定這款商品。

有人說：「甜點是另一個胃。」無論再怎麼飽餐一頓，主食之後，沒有甜點，好像缺少了一份美好的收尾。此時，再品嚐一點點甜品，能帶出飯局結束前的最後高潮，同時圓滿整個聚會。

這份表露無遺的貼心，正是往後日子裡不可或缺的美好記憶。

＊蛋糕作法

工程

烤箱溫度　上火 180/ 下火 180
烘烤時間　20 分轉頭再 15 分，
　　　　　全程約 35 分

材料（配方 g）——

全蛋　250
鹽　3
砂糖　125
低筋麵粉　125
鮮奶　30
沙拉油　30

步驟 ——

1/　將 8 吋蛋糕模抹上薄油，並均勻撒上薄粉備用。

2/　將全蛋、鹽及糖全部加入攪拌缸，隔水加熱並攪拌均勻（水溫約 50 度 C）。

3/　移至攪拌缸中，以中速繼續攪拌至近乳白色。

4/　最後改以慢速續打 1~2 分鐘，將大氣泡打掉，使麵糊細緻，打至蛋糊拿起，呈現緩慢流質狀。

5/　低粉過篩後，分三次加入蛋糊中，以拌切方式攪拌均勻。

6/　取部分麵糊倒進剩下的牛奶和沙拉油的鋼盆中，輕輕混和拌勻後，再倒回麵糊，拌勻即可。

7/　將麵糊倒入 8 吋模型，並且重敲。

8/　放入烤爐，經 180 度 C 烘烤 20 分鐘後，轉頭再烤 15 分鐘（全程約 35 分鐘），出爐即可。

 主廚烘焙筆記本 ——————————

過去物資匱乏的年代，用雞蛋跟牛奶製作的蛋糕算是一種奢侈品，只有特殊節慶才吃得到，因此每年的生日往往是小朋友期待的日子，如今生日蛋糕邁入新境界，更代表一種藝術，不論是口感、特殊造形、整體搭配，都是美麗的呈現。

朋廚的生日蛋糕定位為祝福蛋糕，賦予記憶一種正面意念。在每次許願的那一刻，滿懷誠心和希望地對自己和朋友分享，祈願來年能夠心想事成。

■ 主廚美味入口

┃海綿蛋糕出爐放涼後橫剖，可依喜好抹上法式卡士達醬或打發鮮奶油，並
　加入切片水果。

┃該款蛋糕所使用的「布丁」，指的是法式卡士達醬（早期又稱布丁餡），
　由雞蛋及牛奶調製而成，有如布丁口感，與吉利丁做成的Q彈布丁不同。

＊手指餅乾夏洛特作法

工程

烤箱溫度　上火 180/ 下火 180
烘烤時間　15 分後轉頭 2~3 分，
　　　　　全程約 17~18 分鐘。

材料（配方 g）——

A

　　蛋黃　200
　　砂糖　80

B

　　蛋白　300
　　砂糖　160

　　低筋麵粉　200
　　玉米粉　100

步驟 —

1/　先將砂糖加入蛋黃（A），打發至白。

2/　另將砂糖加入蛋白（B），打發至乾性打發。

3/　A 與 B 混和後，將低粉過篩輕輕拌入。

4/　用擠花袋擠出造型，上面再灑過兩次糖粉。（圖①②）

5/　建議拌粉料時，麵糊取三分之二，待粉快下完時，再將最後三分之一拌入，除了可以讓體積不變，也能在擠用時，不容易消泡，而產生水感。

6/　放進烤爐，上火 180、下火 180，烘烤約 17~18 分鐘後，出爐。（圖③）

①

②

③

■ 主廚美味入口

▎手指餅乾表面酥脆軟綿，當作水果蛋糕的圍邊，不只看起來更加可口，也能減少鮮奶油的使用，增添蛋糕的保濕效果（蛋糕表面的鮮奶油，除了美味之外，更能使蛋糕體保濕，防止乾燥的重要外衣。這裡採用手指餅乾替代鮮奶油，更增加食用趣味。）

▎手指餅乾起源於 15 世紀義大利的 Savoy 地區，類似手指形狀，所以又稱作 Finger Biscuit 或 Lady Finger，單吃也十分美味。普遍用於義大利的提拉米蘇，或法國 Charlotte 夏洛特蛋糕的圍邊。

153

堆疊驚喜的幸福感

法式鹹派
Φ
Quiche

當初無法留在日本習藝，不免感到遺憾，沒想到身在台灣，反而受到最多關照，還能親眼觀摩世界冠軍大師的教學示範……

我曾在日系麵包店 DONQ 工作將近五年，DONQ 屬於日本在地百年老店，也作為日法烘焙業交流的一個橋樑，分從文化面、技術面深層耕耘，因此法國烘培文化能在日本生根發芽，DONQ 可說功不可沒。

DONQ 在台灣有多家分店，一向秉持法國麵包的講究與要求，因此當初投入台灣市場，特地延請許多日本社員只能在社刊一窺的明星職人，蒞臨台灣進行指導。

儘管當初無法留在日本習藝的我，心中不免有些遺憾，如今沒想到身在台灣才有這樣的機遇，反而受到最多關照，還能夠親眼觀摩這些世界冠軍大師的教學示範。

後來，自己也負責展店工作，無形奠定了開店的契機。

無形中發現，自己從日本、法國等地一路習藝，再回到台灣鑽研烘焙技術，這宛如水餃的鋪陳，層層疊疊的意義，讓我的內在能量無限飽滿，彷彿二次熟成、三次熟成，整個視野都被打開了。

同樣地，鹹派如同包餃子一般，將手邊現有的材料鋪在裡面，食材豐富，口味多元，是變化十足的一道點心，淋上醬汁後烘烤，烤好後的成品可冷藏，想吃的時候就拿一片回烤，方便保存與食用，代表了料理人的智慧。

鹹派屬於歐洲鄉村料理，基本上有千層酥皮與一般兩種塔皮，歐洲人會用它取代正餐，當初在學校練習製作方法，就覺得像極水餃，派皮做好後，重點在於餡料的準備，我最喜歡南瓜口味的鹹派，南瓜搭配洋蔥、肉類拌炒後鋪在裡頭，稍微烤一下就相當可口，很適合作為間食或早餐食用。

在甜點的範疇當中，較少鹹的口味，然而法式鹹派選用當季食材當內餡，巧妙變化成一項簡單中蘊藏內涵的平民點心。

人生是不斷的吸收和學習，最後成就個人獨特的內涵，很高興能用這份包藏驚喜的幸福感，藉由舌尖的味蕾，喚醒每一天。

 主廚烘焙筆記本

鹹派的精神像我們的水餃，作法卻有如披薩，同樣把食材放入烘烤，通常推薦客人買回去只要稍微回烤，搭配一杯咖啡就是豐盛的一餐，具備豐富蛋奶液與蔬菜水果的鹹派，可說營養十足，帶來一日充沛的能量。

工程

攪拌　L1~L2 拌勻即可

靜置　冷藏 1 晚

模具　8 吋的模子 1 個

烤箱溫度　第一次派皮

　　　　上火 180/ 下火 200，15 分

　　　　第二次餡料

　　　　上火 200/ 下火 200，30~35 分

烘烤時間　30 分鐘

材料

派皮（配方 418g）——

奶油　120

砂糖　50

鹽　1

全蛋　32

低粉　100

高粉　100

帕瑪森起士粉　15

鹹派的奶水（配方 g）——

動物鮮奶油　250

鮮奶　150

砂糖　50

蛋黃　100

餡料材料

南瓜　1/4 顆（切丁，預先蒸熟）

洋蔥　1/2 顆（切絲，以上兩項先拌炒）

胡蘿蔔　1/2 條

青椒、紅椒　切成圓圈（裝飾用不須過炒）

Pizza 起士絲　少許

步驟 一

1/ 將所有材料放入攪拌缸內,奶油也一起,拌勻即可起缸(不須產生筋度)。

2/ 起缸後,滾圓拍平,用保鮮膜包好,放入冷藏庫休息一個晚上(最少 18hrs)。

3/ 第二天拿出,在室溫中回溫 30 分鐘後,用麵棍桿平。(圖①②)

4/ 麵糰桿平後,放入 8 吋派摩,將周邊收好,厚度保持均勻(約 0.4cm)。(圖③④⑤)

5/ 用刺狀滾輪將面皮截出數個小洞,方便烤焙時熱氣擴散及導熱。(圖⑥)

6/ 鋪上烘焙專用烤紙,使用大量黃豆鋪滿派皮的烘烤紙上。(圖⑦⑧)

7/ 在預烤好的派皮內,平均填入餡料後(不要壓太扁,預留奶水的空間),淋上鹹派奶水,撒上 pizza 絲,進入最後烤焙。(圖⑨⑩)

8/ 上火 180 度、下火 200 度,烘烤 15 分鐘,約 8 分熟即可。(圖⑪)

■ 主廚美味入口

▌進行烤焙時,一般是使用金屬做的豆子,考量一般家庭沒有這樣的道具,也可使用黃豆,除了重量較沉,亦方便導熱,避免派皮烘烤時澎起,可重複使用。

▌多做的鹹派底,也可以預先烤好,包上保鮮膜冷凍備用,可縮短往後工時。

▌餡料材料要先過炒提味,也可依照自己喜愛的材料進行變化,像是培根、臘腸。

▌用高底派盤作出的鹹派,餡料較多,切面看得到豐富材料,既美味又美觀,如果買得到法國的高底派模,不妨試試。

▌吃不完的鹹派,亦可冷藏再回烤,會有不一樣的美味喔!

①

②

③

④

⑤

⑥

⑦

⑧

⑨

⑩

⑪

159

不多餘的好滋味

法式焦糖奶油酥

Φ

Kouign Amann

擁有自己的烘焙坊，一直是我的夢想。

等到真的開了朋廚，這份祈願成真的念力，督使我持續打造烘焙者的「夢享天堂」。

烘焙職人除了對烘焙需要專精，對於店內的裝潢、音樂、氣氛掌握等，也要有所想法，讓客人在選購商品的同時，也能享受空間的趣味。

當人們走進一家店面，其實也是在感受一股氣氛，音樂最具催化效果，所以需要準備各種不同類型且有趣的歌曲，例如流暢的快節奏、抒情歌、爵士樂等類型，根據天候、時間與當下氣氛決定撥放哪種音樂，像是客人較多的時候，就播放輕快樂曲，讓人感到一股開心分享的感受。

一般來說，早上不適宜太過嘈雜的音樂，因為大家還在半醒狀態，趕著上班，心情較為浮躁，若還播放砰砰砰的樂音會讓人想盡速逃離，所以要撥放緩慢舒服的聲音；可是下午四、五點下班時刻，大家開開心心，想要趕快回家休息，就要撥放稍微熱鬧的旋律；接著七、八點吃完飯了，需要稍微沉澱一下，適合悠緩輕靈的爵士樂。

焦糖奶油酥就十分適合在歡樂的音樂氣氛中，與三五好友一起共享，製作法式焦糖奶油酥的第一個步驟是把麵糰加入奶油壓成千層，再抹上砂糖，壓磨兩次，必須精準計算平方大小與對摺的角度，呈現類似摺紙藝術的工法。

由於糖粒是圓狀，鋪在麵皮上壓磨的時候容易跑掉，製作過程需要相當細心，才能使層次恰到好處，奶油與砂糖在烘烤過程會開始融化，產生焦化現象，烤完倒扣可以看見一層薄薄的美麗糖衣，顯現職人的耐磨與細心。

法式焦糖奶油酥是源自法國布列塔尼地區的一款甜點，二〇〇六年左右，Bonjour 推出了橙皮口味的焦糖奶油酥，利用摺紙藝術的概念做成螺旋狀，與市場做出區隔，橙皮可中和焦糖的苦味，有加分作用，算是朋廚獨家特色商品，坊間少見。

這款甜點充分展露法國人自有的美感，它的美不多餘，是一種實用的美味。

若甜點有性別的話，除了卡努內，法式焦糖奶油酥也是一款男性點心，所有的材料恰到好處，極簡造型一步到位，呈現剛剛好的樣貌。

一個輕鬆午後，讓我們一起聆聽悠緩樂音，品味內涵顯而易見的奶油酥。

工程

攪拌時間	L5
麵糰溫度	23~24 度 C
分割	1780 克
發酵時間	基礎 60 分鐘後冷藏 1 晚（至少 18~24 小時）
丹麥機	3 折 3 次，2 折後冷藏休息 30 分，最後一折鋪糖
Bench Time	冷藏 30 分鐘
整型	使用丹麥機展壓至刻度 4，用刀子切出 10x10 的大小 對角對折成 4 方形，放入模具中（放入前底部要放一茶匙的糖及一小塊奶油，約 2 克）
發酵箱	28 度 C、80%，60 分鐘
烤箱	烤箱：上火 200 度 C/ 下火 230 度 C、40~45 分鐘

材料（配方 %）

高筋麵粉	30
中筋麵粉	70
新鮮	4.5
糖	15
鹽	1.5
奶油	7
鮮奶	20
全蛋	20
水	10
小計	178
片裝奶油（一片）	450g

 主廚烘焙筆記本

台灣是一個四季如春的地方，冬天真正寒冷的機率很小，可是外國的冬天讓人冷到隨時隨地都處於飢餓狀態，需要迅速補充熱能，因此甜點成為不可或缺的產品。一般來講在法國奶油酥是用白糖製作，但我以台灣特產赤二砂作為獨家配方，保留沒被精煉的豐富礦物質，多了豐富的蔗香味與層次感。

步驟 一

①

1/ 使用攪拌缸，將所有材料混和至均勻，L5慢速 5 分鐘，因為攪拌時間較短，酵母可以先與水混和拌入，加速均勻。

2/ 將麵糰從攪拌缸取出，整型滾圓成一個橢圓形壓扁，使用保鮮膜或塑膠袋包好，避免表層乾裂失水，靜置冰箱（18~24小時）。

②

3/ 從冰箱拿出，常溫靜置 30~45 分，使用丹麥機展壓麵糰。

4/ 將麵糰壓至奶油的 2 倍大小，包油展壓，3 折 2 次後，冷藏休息。

5/ 休息後進行最後一次 3 折，此時將砂糖平鋪至麵皮表面進行 3 折。

6/ 冷藏休息 30 分鐘。

7/ 再次用丹麥機，展壓至刻度 4 後，使用牛刀切出 10x10 的大小。（圖①②）

8/ 對角對折成 4 方形。

9/ 放入直徑 6cm 的圈模內，底部要放一茶匙的糖及一小塊奶油，約 2 克。（圖③）

10/ 進入發酵箱。（圖④）

11/ 在 180 度下烘烤 20 分鐘，出爐後取出圈模。（圖⑤）

③

④

⑤

■ 主廚美味入口

▎法式焦糖奶油酥的麵糰，每 1780g 對應 450g 的片裝奶油，依此類推。

▎盡可能保持麵糰和裹入奶油的硬度一致，較方便摺疊。

▎使用丹麥機展壓，對麵糰來說，是一個力量的拉扯，需要中間休息的時間（30分），使麵筋恢復彈性

▎烤焙後的焦糖奶油酥，放涼後會更顯焦脆，這份美味值得細細品嚐。

香蕉馬芬

Φ

Banana Muffin

「你到底愛不愛我？」「你要不要？」

傾聽內心真正的意向，沒有過多裝飾，誠實面對果敢的追求。

從小至大，影響自己最深的三大文化，分別是中華、日本和美國文化。

中華文化博大精深，多種族的融合，培育出特有的中華精神，反映在商品上重視本質，不追求多餘的包裝，敦厚的儒家風範；日本文化較為細緻，做出來的物品多了一份細膩感，那一層服務與包裝象徵了追求謹慎卓越的民族性；美國文化則完全跳脫前兩者，呈現一股自由開放風氣，包含誠實面對自己的欲求，探求內心真正的想法。

中國和日本文化一向教我們掩飾自我想法，符合規範，迎合大眾，即便心有所好都不能直接明說，轉換陳述：「我再想想看」，或是：「沒有，其實我沒有那麼喜歡」等。

相較之下，美國人就是直來直往：「你到底愛不愛我？」「你要不要？」傾聽內心真正的意向，延伸到烘焙工業則是沒有過多裝飾，代表一份誠實的面對自己，果敢的追求。

馬芬蛋糕就是這樣一個概念，美國咖啡廳隨處可見大大的馬芬，不同於歐洲的細緻典雅，美國的甜品則呈現了大方與自由，給人感覺就是毫不做作、直來直往的感覺。

甜點跟料理最能直接反映該地區居民的生活文化，馬芬自然烘烤裂成三角形，有別於其他華麗裝飾的糕點，就像一個生活必需品，不管是下午茶時間或肚子飢餓時刻，加上一杯咖啡就是很好的搭配。

一般的馬芬不外乎香草、巧克力、咖啡、堅果類等口味，而我最喜歡香蕉口味，也或許是從小就愛吃台灣盛產的水果。

想要製作美味的香蕉馬芬，要先讓香蕉完全熟成，香蕉皮染滿黑點的時候才是最香的風味，很多東西沒有所謂的「剛好」，只要用對地方，即使它的壽期快要結束，卻是最好的那一刻，傳達惜物愛物的精神，因此這款蛋糕完全顯現大自然的恩惠，這也是烘焙職人對食材尊敬的一種表現。

任何甜點都沒有水果來得這麼自然且美味，但是人類並不因此滿足，於是有了各式紛呈的甜點產生。然而回到味蕾的原點，香蕉馬芬跨越了這一層次，讓甜品和水果有了更上一級的結合，鼓勵了我們唯有誠實面對所愛，勇敢發揮所長，夢想就在自己的手心。

 主廚烘焙筆記本 ━━━━━━━━━━━━━━━━━━━

在外國人的餐桌上，可能早餐就開始吃馬芬，烤一片吐司、吃點水果、喝杯咖啡，然後配上一個馬芬就是豐盛的一餐，無論何時，馬芬都是一款稱職的點心，不似蛋糕的鬆軟，馬芬具備些許嚼勁，是一份得以釋放壓力的甜點。

工程

攪拌	鋼盆，打蛋器，手攪拌
靜置	1 晚冷藏（約 1.5 小時）
模具	圓徑 6mm，高度 4.5mm 左右的馬芬杯紙模子 24 個，麵糊重量約 80g
烤箱溫度	上火 180/ 下火 170
烘烤時間	18~20 分鐘

主材料
約 90 顆（約 6.7 克 / 顆）

（配方 g）——

全蛋（6 顆）	300
細砂糖	350
熟成香蕉泥	500
低筋麵粉	450
鹽	5
BP	10
沙拉油	300
小計	1975

步驟 ——

1/ 全蛋、糖及香蕉泥放入鋼盆中拌勻後，加入一起過篩好的麵粉及 BP，以慢速攪拌均勻。

2/ 將沙拉油加入攪拌均勻。

3/ 冷藏一晚（約 1.5 小時）。

4/ 將麵糊裝入擠花袋中，再擠入馬芬紙模至八分滿。（圖①）

5/ 放入預熱好的烤箱，以上火 180 度 C、下火 170 度 C 烘烤，約 25 分鐘後取出即可。（圖②）

■ 主廚美味入口

▎使用熟透的香蕉（佈滿黑點），會使馬芬更加香濃味美。

①

②

肉桂蘋果蛋糕

Φ

Apple Cinnamon Cake

日本「肯德基爺爺」，真是一本活生生的麵包百科全書，從擔任學徒的第一天開始，一直到晉身師傅，獨立負責一家店面為止，感謝他都陪伴在我身邊⋯⋯

當我還在其他麵包店的時候，有位遠從日本派來的部長——年紀將近六七十歲的慈祥爺爺，儘管已臨退休，但老闆希望他持續發揮所長，指導我們做麵包。

坦白說，這位老部長的體力已不若年輕夥伴們「耐操」，長久以來的職業傷害，膝蓋及腰椎不再迅捷靈活，「這讓我們來，請您坐在辦公室休息就可以！」在生產部急需人力之刻，可是一點作用也沒有。

「為什麼公司派這麼一位不具生產力的老師傅佔缺呢？」有些年輕夥伴甚至這麼覺得。

但這位滿頭白髮，帶著金邊老花眼鏡，嘴角總是帶著慈祥靦腆笑容的老師傅，其實是一本活生生的麵包百科全書，蘊藏著無限經驗積累的珍貴智慧。私底下喊他「日本肯德基爺爺」，沒想到這段情誼，從擔任學徒的第一天開始，一直到晉身師傅，獨立負責一家店面為止，他都陪伴在我身邊。

簡單從法式卡士達醬、法式杏仁醬、迷你多拿滋、迷你蛋糕，再到辮子麵包的打法、麵糰的攪拌跟成形……，都有他細心教導的影子。

最後因為私人因素，他暫回日本，而我也在那一陣子決定創業，沒想到就這樣斷了音訊。我很慶幸在那段求藝過程中，有一位智慧老人陪伴身邊，帶給我難能可貴的啟發。也許看起來像是他造成我們諸多不便，但實際上，卻領著我們探索麵包歷史、走進烘焙的美好想像。

朋廚創立十四年左右，西點部來了一位有趣的老師傅，這位曾在法國工作許久的越南華僑，在他身上，我似乎看到了日本肯德基爺爺靦腆的笑容。當時是因為他的筆記本，工整筆跡寫下的技藝和步驟，如同樂譜般令人感到愉悅，讓我決定請他加入團隊。他所製作的幾款甜點，都令人喜歡——法式水果軟糖、雲朵蛋白糖、布列斯特泡芙……，我總是在這些甜點當中，品嚐到單純的美味與初心。

後來他因為家人的理由，離開了台灣，離開了朋廚，但這兩位老師傅的身影及他們留給我的味覺感動，都令我深深懷念。

這款蘋果肉桂蛋糕，正是這位老師傅教我的，他曾說：「Michael，你這麼愛吃肉桂捲，一定要試試我的肉桂蘋果蛋糕。」如同練武人拿到適合自己的武功祕笈般，宛如專屬於我的獨家秘傳配方。我愛死了這個蛋糕的扎實與氣味呈現，彷彿讓我一再地嚐到初心。

在此貢獻蛋糕的配方與作法，對於曾教我技藝及領我感動的兩位老師傅，表達深深的懷念與敬意。

工程

攪拌	攪拌機（糖油拌和法）
靜置	不用
模具	8 吋蛋糕模

烤箱溫度　上火 180/ 下火 200

烘烤時間　40 分鐘

主材料（配方 g）——

青蘋果（酸）	4 個（小顆）
肉桂粉	30
奶油	200
糖粉	200
全蛋（4 顆）	200
低筋麵粉	170
BP（泡打粉）	5
珍珠糖	30（裝飾用）

步驟 ——

1/ 將蘋果削皮切塊（1 切 8）後，和肉桂粉拌勻。（圖①②）

2/ 將糖粉跟奶油稍稍打發後，分三次加入蛋液（避免分離），打發至濕性打發後，再拌入低筋麵粉及 BP，均勻後即可。（圖③）

3/ 取 8 吋蛋糕模，將麵糊分下、中、上三層依序放上（總重 815g，每層 271g），中間兩層蘋果。表面撒上珍珠糖裝飾。（圖④⑤）

4/ 放進烤箱，以 180/200 烤 30 分鐘後，放涼後即可切片食用。（圖⑥）

■ 主廚美味入口

▍使用酸度夠的青蘋果，是美味的關鍵，與肉桂粉充分的混和，是這個蛋糕迷人之處。

▍關於步驟 2，手指挖起蛋奶糊，若微微下垂則為「濕性打發」；若蛋奶糊呈現硬挺時，則屬「乾性打發」。

 主廚烘焙筆記本 —————————————

略微扎實的口感，簡單卻有個性，是很 Man 的一款蛋糕，搭配黑咖啡恰到好處。

①

②

③

④

⑤

⑥

-Part-

4

·

主廚的味覺旅行

一顆小小的麵包，因為情感關係的層層
堆疊，無形中飽藏豐富的能量。

每日反覆上演的情節，讓人不自覺地發
現，揉麵、靜置、烘焙，再一路到麵包
出爐、上架、被帶走的雙向迴路，最大
的滿足來自於分享。

味道像把鎖，鎖住記憶的堡壘，裡面則
是五味雜陳的心靈暗流，舌尖上的旅
行，除了品嚐個中滋味，也連結人和
人、人和土地的情感關係，一度遺忘在
腦海中的某段故事，會因味蕾而被喚
醒，再次體會出那份美好與純粹。

母親的幸福滋味

「如果要選擇生命裡的最後一道菜，你會想吃什麼？」

「小時候媽媽做的一道簡單料理……」有人問一百位主廚同樣的問題，其中有三成這麼回答。

∂ 記憶的風，吹來熟悉的感動

Memories light the corners of my mind

Misty water-colored memories of the way we were

——《The way we were》

每當到了余光主持《閃亮的節奏》固定時段，思想洋派的母親一定會準時扭開電視機，那一瞬間，彷彿打開潘朵拉的小方盒，我也跟著進入一個特異空間，迥異於台灣樂壇的奇幻歌聲、新潮的舞蹈畫面，衝擊著我的五感神經—— Tom Jones、Connie Francis、Barbra Streisand、ABBA，承襲自媽媽的音樂素養，無形中啟蒙了我對藝術的美好想像，成為年輕時代的美麗印記。

「先去刷牙、洗臉，再來吃飯。　由於爸媽都要工作，平日很難可以坐在一起吃飯，每個週日早晨，是我們一家人團聚的時光。睡眼惺忪的我，循著香味走進廚房，餐桌上一個也沒少，悵然若失的感覺跟著消失無蹤，唱

盤中播放著媽媽買回來的黑膠唱片，流瀉出西洋流行樂曲，彷彿帶領我再次走入那個特異空間，整個人馬上精神奕奕起來。

餐桌上擺滿媽媽精心烹調的食物，通常有水煮蛋、煎蛋、鮪魚，再搭配咖啡或牛奶，我躍上椅子邊咬著蛋，邊拿起叉子等待平底鍋上熱騰騰的鬆餅。我想，這大概就是所謂的幸福滋味！

平常日，天還濛濛亮，當我起身穿好制服，媽媽就會一邊把便當交到我手上，一邊揉著我剛好翹起來的頭髮，輕聲叮囑：「一定要吃完喔！」

裡頭是她用起司、煎蛋、番茄和小黃瓜四樣食材做成的三明治，當時並沒有所謂的西式早餐店，因此中午鈴聲響起，打開便當盒的瞬間，總會引來一陣驚呼聲，伴隨著同學們欣羨的眼神，「這是我媽媽為我做的！」心中升起一股驕傲把我的心填得滿滿的，後來朋廚研發製作的沙拉船麵包，將這份熟悉的感動分享出去。

拿在手裡的便當盒重量雖輕，裝載的愛卻很深重，那是我每天的活力來源。

∋ 無法取代的好味道

如果你問我：「生命裡的最後一道菜想吃什麼？」

我能毫不猶豫地回答：「母親的羅宋湯，那是無法遺忘的好味道！」

走進廚房的媽媽，搖身一變成了魔術師，彷彿施點咒語，手起刀落，各類食材在手掌輕快翻弄間，就能迸出美味佳餚，簡單的菜色，總能嚐到不平凡的滋味，舉凡大鍋菜、砂鍋、鐵鍋料理都是她的拿手好戲，讓人食慾大開。

特別是獨門料理的紅燒獅子頭，鮮紅的絞肉拌入白滑的豆腐跟嫩薑，肉實而味鮮，炸過以後跟著白菜一起滷，嚐起來特別清爽順口，扒飯的手讓人停不下來。

媽媽眾多料理裡面，不能不提的就是羅宋湯。牛肉川燙後除去雜質瀝乾，洋蔥先用橄欖油炒得清脆油嫩，所有材料包含洋蔥、紅蘿蔔、馬鈴薯、牛肉、番茄切成大小相同一起下鍋燉煮，相互堆疊的味蕾，能融合

出最完美的層次。

羅宋湯最適合搭配法國麵包，和歐式麵包一起品嚐也有不錯的風味，另外加入烏龍麵，融入洋蔥、胡蘿蔔、柴魚粉，以及雞腿，就成了一碗西式牛肉湯麵，湯頭自然散發出洋蔥跟雞肉的鮮甜味，成了媽媽的經典獨門菜色。

媽媽常用重且沉的鑄鐵鍋烹煮食物，因為鍋蓋、握柄都不含塑膠，料理時握在手中，火侯的溫度與心臟的跳動頻率相應，到底是人類成就漫長的飲食歲月，還是飲膳長河負載著男男女女？

我只知道，一路看著這張襯著廚房微光中顯影出的臉龐，這股堅毅明亮陪伴我成長茁壯。

母親幼年處於戰後物資缺乏的時代，便宜好下飯的咖哩常是餐桌上的常客，身為長姊為了家計，一大鍋的咖哩容易餵飽四個兄弟姊妹，因此長大後的她對於咖哩產生一種微妙的抗拒心理。不過媽媽的咖哩飯倒是一絕，傳承自外婆手藝，烹煮咖哩時會添加香蕉泥或者蘋果泥，讓水果酵素跟肉類、蔬菜重新融合出一股新的滋味，入口時舌頭帶有微微辣麻，還能嚐到自然甘醇與鮮甜，吃過的人都讚不絕口。

其實，咖哩美味的秘訣在於事前準備。料理前一天先做好，讓它睡上一晚，等待美味的自然融合，隔夜的咖哩鮮香濃郁，食材入口即化。同樣的道理也能印證在烘焙上頭，唯有耐心等待時間的發酵，才能成就無法取代的好滋味。

Russian
Borscht

Э 麥田圈的守護者

「如果你真的撐不下去，要不要提早換一份工作？」

「不可能！我要繼續走下去！」

「好，我支持你的決定！」

踏上烘焙這條不歸路，全是因為耳濡目染的緣故。

母親對於麵包的堅持與高品味，儘管當時市面上大多偏好柔軟綿密的麵包，她卻獨排眾議鍾愛散發自然麥香味，帶有嚼勁的歐式麵包，可說是相當前衛的一件事。

媽媽原本在爸爸的公司擔任會計兼老闆娘，朋廚開業之後，自然由她協助帳務，當朋廚生意越來越好，就請她擔任朋廚的專職財務。十七、八年來員工來來去去，唯有她始終不離不棄。

開店當老闆真的不是件容易的事，背後的萬般辛苦與艱難，她都看在眼裡，疼在心底。為了成就我的理想，她無條件的支持，一路默默跟隨挺進，如今的她邁入七十三歲高齡，仍是公司裡最有活力的那個人，無形中成為「朋廚」最大的心靈支柱。

我們共同度過許多如意和不如意的階段，更常常面臨生死交關的當頭，每面臨一個關卡，她會關心地問：「過得去嗎？我們要不要就此放棄？」我總是堅定地回答：「不可能！繼續走下去！」她就會說：「好，沒問題，我支持你！」一問一答間，像是幫我打好心理根基，重申心底的回聲。

一顆小小的麵包，因為情感關係的層層堆疊，無形中飽藏豐富的能量，每日反覆上演的情節造就了我，然後不自覺地發現，揉麵、靜置、烘焙，再一路到麵包出爐、上架、被帶走的雙向迴路，分享才是當刻最大的滿足。

直到今天，一句謝謝不足以完整表達心中滿滿的感激，我親密地擁著她說：「媽，這片麥田是我們共同完成的夢想喔！」如是，傳承自一份歲月的記憶，想親手做給媽媽的好味道，從一粒麥子開始，再次植入這片柔軟的土地，是朋廚重要的基因。

烘焙路上曲折不斷，前方始終有著光燦的照明。長路再黑，因為有母親的陪伴，令我沒有孤軍奮戰的感覺，彷彿麥田圈的守護者，永遠屹立在此，護衛夢想幼苗，不受摧折。

主廚的深夜小館

唰——夜深了，街道上門簾都拉下來了。

除了遠方偶爾傳來車子的呼嘯聲外，空無一人，靜寂夜幕之下映著獨自行走的我。回到家，卸下烘焙職人身分，深夜小館重新開張，牆上的鐘聲提醒了一點，現在才是完完全全屬於自己的私人時間。

唯有把大家都餵飽、事情做完了，此時才可以好好服務自己。翻轉手邊的食材，用故事烹調出獨一無二的料理。然而，有時不只犒賞自己，也用食物的溫度撫慰親密的友人，每當料理端上桌，就引來陣陣驚嘆聲：「Michael，你是怎麼學會這道菜色的？」「從分享中學來的！」

味道像把鎖，鎖住記憶的堡壘，裡面則是五味雜陳的心靈暗流，相思無盡的七個深夜，化為一輪生命週曆，待我略施身手，把裡頭的人和食物叫喚出來吧。

Sparkling Baker

Ɔ 第一夜・死對頭的兄弟情誼：恆常懷念的巷口乾麵

舌尖上的美味倏忽即逝，很有可能在某個時機點突然攫住你的味蕾，喚起一度遺忘在腦海中某個故事，正因為當初無法體會它的美好，再回首卻欲尋無路，讓人錯失一項寶貝，嘆息不已。

乾麵就是這樣一道食物，一間裝潢普通、不具特色的小攤，常常能勾起懷念的滋味。

記憶中，學得的第一道麵料理來自母親，有大蒜切丁、醬油、豬油跟些許的蔥花，麵煮熟後用醬油拌麵，非常好吃，而且因為大蒜具有振奮效果，能夠提升工作後稍嫌萎靡的精神。

乾麵隨處可見，超市裡就有多種選擇，撕開包裝倒入沸水裡煮軟，再加入豆芽或綠韭菜，不消幾分鐘香味立刻四溢，我捧著碗呼呼的碗，吸著麵條，吐出的熱氣瞬間渲染了夜色，腦中逐漸浮現某位「死對頭」的稚氣臉龐。

兒時玩伴 Jimmy（王兆豐）有個過人的強項，能夠如數家珍地說出整個基隆所有麵攤的特色，包含湯頭、氣味、拿手菜等大小差異，常領著我到麵攤取經，他熟知每間店的獨家料理，還能和老闆侃侃而談八卦趣事，特別是從簡單一道菜嚐出不同味道，跟著他重新發現那些被路人忽略的麵攤，學習品味日常小確幸。

長大後的他學甜點，我做麵包，於是合夥創辦了朋廚基隆第一家店，目前他仍然負責基隆店務，店裡許多頗受好評的甜點都來自他的巧思，引領顧客前來朝聖。

「如果你能用攝影或繪畫，把對基隆麵攤的味覺記憶呈現出來，一定非常棒！」

畢業於二信美工科的他十分有才華，用色鉛筆繪成的麵包，幾乎能聞到剛出爐的香味，另外用攝鏡頭記錄日常是他的興趣，擷取的角度動人深刻，而他本人卻對這些不以為然，

當這麼說，他會趣答：「我為什麼不出蛋糕書，卻跑去出乾麵書？」然後告訴我另一個麵攤如何令他恆常懷念，換帖兄弟之情，無法用語言說明，只好繼續低頭吃麵。

我依然深深期待著，某天他能用一張攝影，或用一幅插畫，出版一本「基隆巷子內的美食」，把這份動人深刻的味覺記憶流傳下來。

Э 第二夜・單純完勝：Yes Man 與義大利麵

小時候在義大利餐廳吃過番茄義大利麵，色相鮮豔又美味，留下很好的印象，此時窗外颳起強風，眼看夜裡就要聽著雨聲入眠，拿它作為今晚的主食別有風味。

一般認知為西方主食的義大利麵，其實源自東方。十三世紀威尼斯商人馬可波羅東遊到中國，才將義大利麵帶回西方發揚光大。

反覆嘗試過程，後來發現只要加入橄欖油、大蒜和辣椒，炒出來的簡易蒜味辣椒義大利麵，竟然如此好吃：麵條先爆油，做好醬汁，再將麵條放進去吸附湯汁，麵條不能煮太軟，要有一點麵心在裡面，那股韌性才是麵體美味的關鍵。

說到柔軟的韌性，就想到當初跨進台北拓點的歷程，朋廚當初創立滿八週年，開始籌備到台北拓點，然而來到台北又是另一次歸零，一切都得重新開始，初期在內湖開店並不順利，算是一個不小的商業危機。

當初覺得在台北開店是一個夢想，幾經考慮後，我對 Jimmy 說：「我還是決定去台北努力一番，闖看看！」Jimmy 告訴我：「沒有問題，基隆有我守著，我好好做，你也好好去拚！」這句話猶如一劑強心針，讓我無後顧之憂，能夠勇敢往前拚搏，抱持歸零心態，重新出發，而 Rick（范升華）就是此時加入的夥伴。

從 Rick 身上，我看到了正面和熱忱的重要性。那時朋廚採複合店型式經營，因為他的專長是咖啡，我負責內場，擔任店長的他則負責外場招待。

「沒有問題，做就對了！」身為老闆的我，有時不免瞻前顧後，想做的事多了許多顧慮，往往那些顧慮正是一種阻礙，但跟 Rick 商量，他都說不會有問題。美式教育成長的他，生性樂觀，就像金凱瑞電影中的 Yes Man 一般，好似沒有事情能難得倒他或令他困擾。

我常常笑 Rick 像個小朋友一般天真，儼然是個療癒系男孩，能夠包容並化解負面情緒，帶來撫慰人心的能量，而且又不會爭功諉過，這樣一份溫暖，讓朋廚在台北發展的過程中，能夠持續成長，就像是「畢馬龍

效應」的期待心理，當你告訴自己不行的時候，很多阻礙就來了，告訴自己沒有問題的時候，事情似乎也就沒有那麼困難了因此儘管遭遇諸多困難，在 Rick 大力支援下，這些事情似乎都變得微不足道了。「就是去做吧！」單純就能完勝，我學起他的語氣，彷彿也長出了新的武器。

「肚子餓了的時刻，就來盤義大利麵吧！」大而化之的 Rick 對吃不會很堅持，什麼東西在他吃來都津津有味（當然最愛的還是朋廚麵包），卻偏愛各種口味的義大利麵，當所有人都下了班，只剩下我跟他還在深夜裡埋頭工作，我對他說：「今天沒有蕃茄醬，也沒有白醬，只有辣椒、橄欖油跟大蒜喔！」隨後就炒了一盤再簡單不過的義大利麵，想測試看看這個 Yes Man 還會不會說 Yes，沒想到卻聽到含糊斷續的讚美聲：「這口味……單純卻十分好吃，太棒了！」那時我才深深體會到，發自內心真誠的稱讚無比強大，足以融化人心，找回持續前進的動力，這份相契不正呼應著朋廚的理念嗎？身為老闆的我，難免

對夥伴打分數，但是 Rick 教會我，在分數之外，需要的是更多的包容與讚美的力量。

϶ 第三夜 · 美味不需邏輯：表姊吐司的華麗變身

「我們要不要組合開一家店？」在民生社區開了一家早餐店的表姊（金玉慧），過去曾提過想一起合作，但礙於距離的關係未能付諸實行，直到後來決定將朋廚帶到台北，於是就有前面提及的，早上是早餐店，下午變身華麗麵包店的食趣空間。

母親這邊的親戚不多，當中跟我最要好的，就是這位表姊，她擁有一半韓國血統，體育生的她，深具韓國人的強悍精神，加上姨丈也是韓國人、阿嬤的日本血統，猶如「神仙家庭」般混融著中日韓文化，一家子分成三派，當上演起打鬧戲碼，可說異常熱鬧。表姊之於我，正是一個又愛又恨的角色。

長大以後，表姊跟她先生一起前往加拿大念書，回台後在民生社區經營早餐店，說到神仙家庭的一員，基本功就是對於料理有獨特想法，中日派的我們總有一些步驟，可是她卻完全顛覆邏輯，什麼東西到她手上，都能變出一道道餐點，非常厲害。生長背景有著中日韓的文化薰陶，加上後來遠赴加拿大留學，因此練就信手拈來的功夫，不是非得什麼材料才可以做出什麼料理，而是擁有什麼食材，就能變化出各式美味。

在這家早餐店之中，我們常常會有不在 menu 上的私家菜色，我戲稱為「自肥 menu」，在此一併提供深夜解饞之參考：

· 三明治

「哇！這是什麼工具？」我在表姊的禮品倉庫間，搜找到一項寶貝——摺疊吐司機，剛好拿來製作今晚的點心。

洋蔥切絲加入火腿、洋蔥、蘑菇、節瓜後，用奶油在熱鍋上拌炒，熟爛後放在兩片吐司的中間，鋪上大量乳酪絲，再將兩片吐司面對面相合，用吐司機壓實，烤個三分鐘，會發現吐司邊呈現焦糖色，伴隨早已融化的起司，讓人食指大動。

・披薩

「叮──」一陣香氣撲鼻，我小心翼翼從烤箱拿出速成披薩。

今天店裡事務繁忙，拖著疲憊身軀在冰箱裡翻找食材，隨意把青椒牛肉、茄子直接放在吐司上，再淋上一層起司絲放入烤箱，就變成簡易版披薩。

另一次美味的相遇，先用醬油拌炒茄子，加入起司、豆瓣醬，完成後鋪在吐司上頭，送入烤箱，這份出奇的創意料理，能為夜歸人找到心靈的依託。

・布里起司

台灣進口很多種類特異的起司，把兩三種口味的起司混搭一塊，夾進吐司放進烤箱，就能享受簡單的奢華。今晚找出發酵沒有那麼濃的布里起司，搭配自家朋廚特有嚼勁的麵包，細細咀嚼過程，麵包和起司在口中同步融合，可以說是完美絕配的好滋味。

⊃ 第四夜・外放與內斂的完美融合：細麵花枝＋鮪魚蘿蔔

在日本求學期間，住在紀子阿姨家一段
時間，許多阿姨不經意的料理，趕在臨
頭的時間點，常常出人意表的好吃，想
到她，我的美食雷達又開始響起……

將花枝切成麵條一般細，用熱水很快地
川燙過，沾醬油、薑、醋，非常好吃，
這道陽剛的料理，是阿姨教我的。阿姨
對我來說就像第二個媽媽，生性浪漫、隨興，胖胖的外型卻有顆柔軟溫
厚的心，在生活及料理上帶給我滿滿驚喜。

許多有趣的兒時記憶都與她有關，有個事件現在回想起還是膽戰心驚。

「為什麼今天的涼麵很特別？」原本七點就應該開始張羅晚餐的她，有
天八點三十一分才進家門，瞬間變出一碗日本涼麵給我填肚，但是上面
有一粒一粒像芝麻的不知名物體，讓饑腸轆轆的我遲遲不敢下手，她湊
過來吃了一口立即吐了出來，我連忙追問：「到底那一粒粒黑黑的是什
麼？」結果竟是涼麵裡面的乾燥劑。

「你有辦法自己去剪頭髮嗎？」「可以！」我像個小紳士般對她強力保證。

第一次自己到日本理髮廳剪頭髮，我勤練日文對話，想好要剪什麼樣的
髮型，胸有成竹地在現場候著。正當髮型師快幫我完成造型時，不料從
鏡子中反射出一個熟悉的身影，傳來一句大聲台灣話：「有沒有問題？」
每個人的眼神瞬間看向我，加上她一身起了毛球的睡衣，讓我當場羞得
頭都抬不起來了！

因此，花枝大而化之的外型和細緻柔滑的口感，讓我直覺想到阿姨。

花枝還有另個做法，先切成大塊，再成絲，擠出內臟，淋上些許醬油、
大蒜或辣椒，再與花枝肉拌在一起，醃製一個晚上，隔天就可以當作下
酒菜，味道極好。

「有沒有下酒菜呢？」夜歸的姨丈問道。阿姨毫不驚慌的走進廚房準

備，可是明明記得冰箱沒有任何小菜，她能變出什麼東西呢？

想要喝酒卻沒有小菜的時候最是苦惱，令人有種空虛的感覺，除了上一道涼拌花枝，鮪魚罐頭更是一絕。不一會，阿姨把白蘿蔔切成條狀，加入鮪魚罐頭拌一拌就成一道小菜。這道看似極其普通，初嚐時卻大為驚艷，鮪魚的油脂搭配白蘿蔔的清爽微辣勁，竟是如此協調，成了我深夜佐酒必備良伴。

另外，倒掉鮪魚罐頭多餘的油脂，加入美乃滋跟黃芥末拌成鮪魚泥收乾後，拿來抹吐司或是法國麵包都非常好吃。若是前一天先預備做好，浸漬轉化後，風味更加迷人。

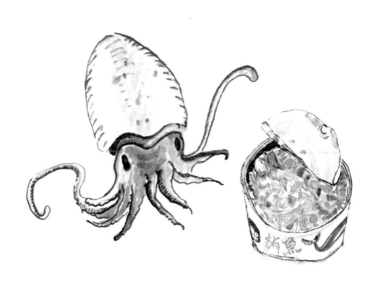

Ə 第五夜・職人間的惺惺相惜：沙拉、節瓜、下酒菜

「色彩繽紛的沙拉，最適合夏夜晚風下，一邊搭配清酒，一邊觀賞陽台月光，才不算辜負這個長長愜意的涼夜。」

二〇一〇年，我曾擔任東京製菓學校的台灣校友會會長，那時候的副會長就是「和菓子」學妹 Emily，她是第一位把和菓子帶回台灣，並發揚光大的職人，因此我都笑稱她是台灣的「和菓子之母」。

為什麼會提到她呢？當初擔任會長時，也是事業正在起步發展的關鍵期，很多跟學校相關的庶務性事務，需要頻繁處理與維繫（例如每年都會來台的講習和烘焙展），都多虧了這位學妹的幫忙，才能順利完成。

除此之外，我和她還有一個共同嗜好，忙碌後喜歡藉由小酌放鬆身心，對於經常讓她分擔這麼多事務，唯一能夠回饋的，就是下了班，一群好朋友齊聚一堂，在酒水與苦水之間昇華情感，這種感覺彷彿又回到日本留學的時光，因為日本文化就是如此，平時認真工作，下了班到居酒屋解放壓力。

儘管兩人擅長領域各有不同，我的專長在麵包西點，她則專攻和菓子，但同時身兼經營者，彼此有了更多共通點可以互相切磋、砥礪，職人間的惺惺相惜，能夠一起小酌談心，令雙方都感到十分開心。

只是喝了酒之後，肚子竟跟著餓起來，往往此時才會發現冰箱所剩無幾，只能依據當下現有材料，變化出一道道的下酒菜，諸如銀絲沙拉、馬鈴薯沙拉、莎莎醬沙拉等，這些亦是在日本念書的時候，留學生會在家裡 DIY 動手做的各式小菜。

趁著夏夜晚風，讓思緒伴著月光，一起微醺。

・尼斯沙拉

尼斯沙拉是將節瓜、彩椒、洋蔥、茄子切丁後倒在一起，用橄欖油拌炒，熱熱吃能感受到味蕾的豐富，吃不完置放在冰箱變冷菜，夾著麵包一起吃也很清爽，或是放在餅皮上面做成 pizza 也是不錯的選擇，是道冷熱

皆宜的百變料理。

· 馬鈴薯沙拉

馬鈴薯沙拉是母親獨家傳授的美味。將馬鈴薯切成丁，水不要滿過馬鈴薯太多，用小火慢慢熬煮，當水收得差不多時把火關掉。這時鍋裡的馬鈴薯外層鬆軟，仍保有原本的形體，甜味已經鎖在裡面。

幾顆水煮蛋，將蛋白切成不規格狀，蛋黃備用。馬鈴薯加入紅蘿蔔、細碎的生洋蔥、碎蛋白，拌著美乃滋稍微攪拌，最後拿起蛋黃用濾網磨出一層黃紗，飄落在上面像是黃色的雪花。

這道菜教會我兩個道理，一是美味需要細節上的堅持，慢慢熬煮收乾的馬鈴薯，永遠比快火或直接蒸熟的方式更加動人，二是料理的重點不只在於口感，視覺上也要用心呈現，別忘了，餐桌上的食物本身就是一項藝術品。

· 莎莎醬

嚐一口顏色鮮麗的莎莎醬（salsa），彷彿熱情的拉丁舞者不斷逗引著食慾，羅勒、番茄、洋蔥丁，一起放入盒中攪拌，加點醋即成。

羅勒可用九層塔替代，也可以加一點塔巴斯科（tabasco）增添辣味，可做為沙拉醬汁，也可用來沾法國麵包、祈福餅乾，別有一番異國情調。

Ɔ 第六夜‧美學家的藝術巔峰之作：薄切皮蛋＋一品湯

「留學期間，我曾用水餃征服日本人，你用什麼征服驕傲的法國人呢？」

阿仁（鄭志仁）是留法學攝影的，對美學有自己的堅持，也是個有趣的人，我們常促狹地叫他「阿仁老師」。

一次聚會，我向他問起，如何向優雅的法國人介紹台灣美食呢？他便說了這個趣事：週末邀請一群法國友人到他家喝酒，由於一般法國家庭都會準備起司、魚子醬用來佐菜，正當他慌亂之際，忽然在冰箱翻到了皮蛋，靈機一動直接把皮蛋切成八薄片，一個湯匙裝盛一片，放在精緻漂亮的盤子上，看起來還挺像一回事。

「太厲害了，簡直比魚子醬還要好吃！」他請大家先喝酒再品嚐這道美食，一個湯匙舀入口，隨著喉嚨滾落，濃重的氣味在舌尖瞬間化開，搭配酒香更顯醇厚，「只有這一口，再要就沒了！」成功製造懸念，果然令他們大感驚艷盡！

意猶未盡的他們，連忙問：「要在哪兒買呢？」阿仁得意地說：「這是來自台灣的料理。」吃著切成薄片的皮蛋，想著氣味獨特、外型不起眼的它竟仍征服法國人，果然是另一種台灣之光。

阿仁老師是位如同家人般溫暖的朋友，只要有好吃、好玩或有趣的物事，他一定會和我們分享。

在他身上，彷彿能看見部分的自己，不自覺帶給人一種安心的感受，也如同兄長一般，是我前進的力量與楷模。

某次朋友聚會，聊天之餘感到肚子餓了，此時他就說要煮湯，只是甚少開伙的他，家裡通常只有零食居多，冰箱不見什麼食材，大家都頗為好奇能變出什麼菜色，笑著說：「該不會又是薄切皮蛋吧？」

「天啊！你把家裡最貴的罐頭都開來請我們，這樣好嗎？」身為一位美學家，家中必然收藏許多雅致器皿，此時阿仁老師就端出了一個漂亮砂鍋，當砂鍋一打開，令人驚呼：「天啊！這什麼東西呀？」其中有冬筍、

松茸和鮑魚，松茸是一種長在松樹上的香菇，都是極為昂貴的食材，他笑著說：「這是一品湯。」

沒想到阿仁老師竟用「看家本領」，為即將散場的聚會作完美的收尾。當我喝下第一口湯，十分美妙的口感在喉韻間縈繞，除了雞湯底的清甜，還能勾勒出鮑魚、松茸、冬筍各自的美味，既互不搶鋒頭，又能巧妙融合其中，果真是一道功夫菜。

有一次和阿仁老師的媽媽聚餐時，就向她提及這道令人驚豔的湯品，沒想到阿仁媽媽假裝動怒地酸了兒子：「你都把咱家傳家名菜跟好朋友分享了啊！」深刻覺得這碗一品湯的意義不只是一碗湯而已，而是阿仁老師真心把我們當作家人，這份對待有窩心，也有感動。

Э 第七夜 · 蘊藉父兄情誼的庶民美食：鹹粥 + 雞捲

「老闆，來一碗鹹粥！」基隆廟口的鹹粥不是用一般白米，嚐起來有糯米的口感，好吃的秘訣在於湯頭有當地生產的小魚乾。

另一個重點小菜「雞捲」，就是把家裡有什麼「多」（台語）出來的東西放在豆皮裡面捲一捲拿去炸，「多捲」因此得名。此外，還可以來盤炸蚵仔酥之類的，油炸物用醃黃瓜加醋作為佐料，可以讓味道取得平衡，為一天的勞動作個清爽的收尾。

小時候對於父親印象，坦白講，總是模糊的，他鮮少帶我到遊樂園玩，跟他相處的時光，都是在大人的交際場合居多，耳濡目染之下，使得那時的我較不習慣和同儕相處，卻懂得如何跟叔叔、伯伯、阿姨們應對。

記得一次，服兵役的我剛好休假，和一群同梯上台北遊玩，那天聚會結束後，十點多一起回到基隆，竟然跟爸爸在廟口巧遇，一個賣雞捲與鹹粥的攤位上，有種奇特的感覺，似乎瞬間將記憶場景瞬間拉回幼年，再瞬間長大成年的跨距，如今的我已有了自己的社交圈，我們既是父子，又是兩個成人身份在此相遇。

「這是我的兒子，旁邊是他朋友！」他開心向朋友介紹著，臉上漾滿笑意。當時父親採用「對等態度」展現給友人，在於驕傲自己的兒子已然長大，無形中讓我學習到成人式的應對之道。

雞捲與鹹粥的攤子裡，一霎間的能量交流，同時封存了對父親最深刻的愛。

爸爸在生意上經常與日本人往來，然而生意之外，深知唯有透過生活交流和情義展現，才能建立起如兄弟般牢不可破的互信關係。然而，我也只能從他的友人和媽媽口中的破碎片段，才多少拼湊出更多有關他的印象。

失落的一塊，我似乎永遠也補不齊，也來不及學習，可是我卻從奇偉哥身上看到了。

幾乎是在基隆店開幕之時，就認識了奇偉哥，當時的我是個二、三十歲的小毛頭，只懂得把自己想要做的東西做好，卻不懂得任何做生意的道理。認識了奇偉哥之後，他分享很多做生意的眉眉角角，以及往來間應

對進退的禮數。

擔任電影製作人的奇偉哥，具備處理各種事務的高度聯結性和敏感度，一向面面俱到，與人之間的互動更是體貼備至，參加他舉辦的 party 宛如參演一部電影，每個人都有該扮演的角色與位置，難就難在缺一不可，且不受冷落。讓我學到，如何關照自己周圍的所有朋友。

「你怎能這麼厲害？」「因為我都是用喜劇手法處理悲劇情節！」隱含深沉的人生哲理，一語道破他的成功之道。當遇到挫折的時候，這句話往往出現在腦海裡，提醒著記得用喜劇手法轉換它，讓我充滿正面能量。

「還好嗎？最近還好嗎？」身為一個老闆，有時候濃霧會罩在臉上，敏感的奇偉哥總能一眼識破，關心問著，並給予一些智慧箴言：

「當老闆不簡單，但不要忘了初衷。」「快樂跟自由是很重要的，快樂就是自由的寬廣度。」「什麼是自由？自由就是能為自己負責。」

回到原始的初心，做事情是為了讓自己開心、快樂，如果有一天卻為此失去自由、不快樂，不就失去了初衷？他帶我走進這份反省，彷彿補強我曾經所缺少的一塊——父執輩的經驗傳承。

事後回想起這一切，奇偉哥之於我的意義，就像延續了父親的角色，巧合的發現他們同屬牛、一樣天蠍座，都是夜歸人，難怪在他身上看見了熟悉的影子……。他對自己的不夠慷慨，慢慢地才驚覺，一直照顧別人的他，也是需要別人照顧，換我們這群朋友關心他吧！

雞捲、鹹粥、扁食，這些扎實、在地化、不浮誇的庶民美食，如同父親與奇偉哥帶給我的的人生道理，平凡卻見偉大。

這時，遠處雞捲攤的燈亮了起來，為夜歸人照明了前路，同時持續帶給自己溫暖的能量。

簡單的美好，總是讓人捧起後捨不得一口吞下。

單純的食物，呼應心中對美的原初概念，品味的當下猶如參與某種儀
式，招喚出深藏的記憶，也才能體會日常料理的精髓。人的故事之於料
理，才是成就一道美味饗宴的關鍵。

作為一名烘焙職人，我樂意分享親手製作的陽光麵包，當我回到家，私
人的深夜小館同樣願意公開這份味覺菜單，用食物與你真誠對話。

屬於你的這一晚，是否打算做點什麼呢？

舌尖之上的友誼

舌尖上的友誼，其實正通往心靈。

我愛旅行，體驗各國文化帶給我的衝擊，進而內化成為美感經驗，最後實踐在烘焙這件事情上面。

除了到過日本、法國求學，也去過中、美、義大利、西班牙等地，可能是為了求取知識的泉源、探訪美食的故鄉、朝聖夢想的國度、尋找心靈的答案，或種種其他不同的因素，無形中成為我的烘焙養分。

我也發現不同國家人民對於食物的不同喜好，感受到飲饌文化的神聖與神祕，當你願意敞開胸懷延伸觸及，它就會全然向你展示它的答案。

例如日本人堅持產品的精緻度，除了講究好吃，也會留到意整體外觀；法國人善於營造浪漫情境與氛圍，注重店家擺設、產品道地與否，屬感覺取向；至於義大利人，竟意外和台灣人頗為相似，藉由同桌共餐分享歡聚的心情。這是我簡單觀察到的三種民族個性，非常有趣，也各有可取之處。

除此之外，能夠藉由舌尖的品味與試探，進一步牽起友誼的緣份，更是生命中最大的收穫。

∃ 基隆港邊的波希米亞：維君一家

「Nana，乖，不要對客人不禮貌喔！」之前我們養了兩隻黃金獵犬 Vivi 跟 Nana，Vivi 和一般對黃金獵犬的印象相同，個性溫和，甚至小偷來了，還會歡迎光臨的大搖尾巴，Nana 則不同，地域性、警覺性很高的牠，對於不友善的外人會有所反應。

古話說，臭味相投，其實就是雙方志趣、性情相互投合，才有機會變成朋友，人和人的緣份是如此，人和狗、狗和狗也是一樣。

一九九九年，我在故鄉基隆創立第一家 Bonjour 朋廚烘焙坊，時間一久，顧客變成熟客，往來間慢慢地也成為交心的朋友，這些人不經意地，就會出現在店裡面走走繞繞，當一段時間沒有看到某個人，就會想：「他怎麼很久沒有來了？」

維君就是在基隆店的朋友，也是我的親家母，能夠和她一家人結識可說是託狗狗的牽線。她養的黃金 Soleil 特別喜歡 Nana，一般的狗都很難靠近 Nana，只有 Soleil 來的時候，Nana 開心對她搖尾巴，一時天雷勾動地火，最後如願結了親家，甚至有了愛的結晶。還記得 Nana 懷孕的時候，掃描發現肚子裡有八隻寶寶，孕產當刻，我們為 Nana 親自接生，到第八隻以為大功告成了，沒想到後面還緊跟著一隻，令人見證生命的神秘與偉大。

維君本身是位插畫藝術家，她先生則是蘋果日報的攝影師，由於很喜歡朋廚麵包與基隆店的氛圍，經常把店內當作停靠的一站，印象中的她總是一頭長髮飄逸、波希米亞風格的穿著風格，只要望著基隆港，彷彿就能看見她一家漫走海邊的身影，最後落腳於朋廚麵包店。只是我後來上台北展店以後，就較少機會見面，好在社群網站的連結，看到她裝潢一棟勝過咖啡廳的小別墅，這幾年也陸續嘗試一些手作蛋糕與餅乾。

此外，看到她開始從事繪畫的創作，從畫作中感受到一種自由、簡單、純粹的精神，一如她本身的自然親切，卻又散發著與眾不同的氣質，自成風格。

因為朋廚，認識了很多好朋友，每個人都有自己特別的故事，我與維君一家因為狗狗牽起了緣份，進而認識成為「姻親」，再看到她寫意如詩的繪畫作品，邀請她協助本書插圖，似乎觸動了潛藏心中一直想要學畫的種子，卻難在抽不出時間，她的自由、閒適的生活型態，使她實踐了這件美事，著實令我既嫉妒又羨慕。

每每在友人身上，看見了自己無法圓的夢，但轉念一想，用正面的心態看待事件，以欣賞的角度欣賞對方的優點，某種程度上，也彌補了無法親身實踐夢想的小小缺憾。

這份純淨的情誼，一如鏡子一般，相信最後總是互相照映，互相明亮。

The Emperor Uno

ㄫ 勇氣的加冕：蕭老闆和他的小熊燈

「為什麼想選在既安靜、又偏遠的民生社區？」一開始在民生社區展店，很多客人和廠商都感到疑惑。

我喜歡民生社區的氛圍，有大片的綠蔭、新鮮的空氣，初時，富錦街附近並沒有幾家商家，其中卻有一間我很愛的店，甚是別緻，裡面總有讓我流連忘返的東西。

偶然間發現這家店，覺得好像掉到一個很有趣的玩具盒裡面，工作閒暇之餘，總會順著富錦街的綠蔭，慢慢逛到這頭尋寶，不只尋物，也尋一份開心的泉源。

過去要準備朋友的禮物，總讓人傷透腦筋，此時這家店就在腦中浮現，猶如「放心的家」，可以讓人買到一些「此家僅有」的小東西，也因為經常往返搜奇。

一日，在店內看到蕭老闆親自繪製的「民生社區」地圖，供客人自由索取，上頭點了幾處附近值得一去的咖啡廳、店家等，沒想到 Bonjour 也在其中，當下令人十分感動。

老闆跟老闆娘同是留日淵源，有著藝術氣息的人。一走進店裡，總會小心自己的呼吸跟音量，深怕喜悅之情會破壞了好不容易的寧靜。但是，看見奇奇怪怪的有趣玩具，還是得勞煩老闆親自解釋，除了讓人會心一笑，經由理解背後意涵，往往會有更深一層的體會。

「這是非賣品！」老闆有些自己的堅持，讓人瞭解到「為何而賣」和「為何不賣」？而我常常問到老闆不賣的玩意。有一天，入口處放了這麼一座可愛的小熊鎢絲燈，正要開口時，老闆就說：「這燈很多人問，但這是獨一無二的收藏！」

原本店裡販售德製的木頭泰迪熊，四肢關節都可以轉動，但提供客人欣賞的 Sample，卻不小心被玩壞了，左手怎麼樣也裝不回去。老闆心疼這隻熊，靈光乍現之下加以改造，裝上古董鎢絲燈管，沒想到詢問度卻超高。

「手上的傷痕是人生的徽章!」曾經有個人這麼安慰我。
我感謝鼓勵背後的意義,今日再度收到這份勇氣的加冕,
感受到溫暖的力量。

「為何不多做幾隻來賣？」「哪有好好的手拔下來破壞的道理！」這番話讓我心頭一酸。

「對啊，雖然他是不小心壞掉一隻手的可愛小熊，但你的用心，讓他成為獨一無二、會發光的勇氣小熊，這使我想起了自己，有著類似命運的遭遇……」話未講完，老闆竟搶著說：「這隻送給你！」把我嚇了一跳，「不用，不用，我買就好了。」我推辭著。「沒關係，這是你的了。」他篤定的看進我的眼睛。

「找一個特別的日子送給你。」當下，我感受到他的真誠。一日，在我沒有防備的心情下，他把小熊妥善包好，當面交給我。

回想起那段可能截肢的日子，長長的復健之路，心裡面的痛跟手上的傷痕，往往令我感到難過，過了好久，我才敢穿著短袖，面對外界眼光。

「手上的傷痕是人生的徽章！」曾經有個人這麼安慰我。我感謝鼓勵背後的意義，今天再度收到這份勇氣的加冕，感受到溫暖的力量，由衷地謝謝「放放堂」老闆。

麵包是我的夢想根芽，也是傳遞分享意念的核心理念，一如蕭老闆的店，是他的創意發想室，也是屬於他個人的收藏屋。

單純想要做好一份事情，回饋給客戶，卻在很多時候，反而從客人身上得到更多的正面能量，不論是一份讚美，或來自於滿意的神情，更多是他們對我的疼惜。這是一份珍貴的禮物，藉由烘焙坊散步路線，一路曲折、迴繞，起點是夢想的初衷，終點是放心的感動。

當這只小熊燈發著光芒的時候，我就會提醒自己不要忘記這份使命，與客人溫暖深切的期許。

ㄓ 落地生根的祝福：安東尼奧和他的佛卡茄

「我常在想，每個地方都有一種代表食物，如何打破地域性，創造出屬於自己的原創口味呢？」這個問題，時常在我心頭縈繞。

「你不是義大利人，幹嘛一定要拘泥於義大利的傳統，就只能這樣做？台灣也有很多的水果，你應該發揮，然後做出屬於你自己的潘妮朵霓。」沒想到一位義大利主廚，說出我心中的答案。

安東尼奧是一間義大利餐館的主廚，因朋友之邀，約我在這間餐廳吃飯，也因為是聖誕節前夕，帶上一顆親手做的潘妮朵霓，想要送給他。

品嚐之後，發現這家料理是台灣少有機會吃到的道地滋味，也因為西方料理主廚的有趣習慣，當客人稱讚料理好吃，他們會出來跟客人打招呼，因而有了機會認識安東尼奧。

聊天過程中，發現這位義大利主廚竟然會講日文，原來他也曾在日本待過一段時間，沒有預期在這麼道地的義大利餐廳邂逅，令人覺得真是奇妙的巧合。

「我可以把原先要送你的潘妮朵霓，先送這位主廚嗎？」為了紀念這意外的驚喜，我對跟朋友說。安東尼奧覺得非常開心，因為來台，很久沒看過這項甜點，沒想到會在異鄉台灣見到潘妮朵霓。有了這次經驗之後，我後來經常到他的餐廳品嚐手藝，漸漸地成了無話不談的好朋友。

做麵包是西餐主廚的必備專業之一，麵食之於義大利廚師，可說是一項重要技藝，像是傳統美食pizza、義大利麵等，必須自己桿麵皮、做麵條。

安東尼奧吃過了我親手做的潘妮朵霓之後，他對我說了開頭那番話：「你非義大利人，幹嘛拘泥義大利傳統？」對於學院派出身的我而言，原本不太敢做這種逾越的嘗試，覺得老師怎麼教就怎麼做。可是後來一想，也對，為什麼要自我設限？

經過安東尼奧的提醒，為我帶來反思，我該把自己手邊擁有的東西與技術融合，做出屬於自己味道的東西，這才是料理人該要有的天命，不應拘泥於自限的框架中，因而有了芒果潘妮朵霓、黃金福貴潘妮朵霓的誕

生，因應台灣不同的節氣，搭配當令食材，做出多變口味的潘妮朵霓，將這份祝福落地生根、發揚光大。

熱情的安東尼奧在第一次見面，就說要收我為徒，願意傳授義大利麵包「佛卡茄」的作法。當時以為基於義大利人熱情的天性，順口說說而已，後來就沒有下文了。

朋廚有自己製作的改良版「佛卡茄」，一直知道並非正統的義大利做法，所以想到安東尼奧曾說過要教我做麵包，他大方地說：「沒有問題，我教你！」於是就有了這次美妙的教學經驗。

「不要執著於配方，一樣的麵包用不一樣的作法，可以呈現不同的型態，沒有一個既定的步驟與食材。」他告訴我的方法，不同於過往學習的按部就班，沒有特定依循的準則。他分享給我的，是不被綁住、受限

的步驟，這個過程當中，令我再次體驗到義大利人之於料理，取決當下的熱情和心態，總是有許多現成 menu 以外的驚喜，才叫人無限驚喜與期待。

這正是一個料理人該有的態度，當下的麵糰也許是一個決定性因子，但是在每個人的手上，不同的食材、器皿與呈現，就會產生不同的口感。

深愛台灣的安東尼奧，我曾把潘妮朵霓的祝福送給他，他為我示範了隨性的魅力，簡單卻帶著層次，令人深信個人魅力與對食物所施予的魔法，才真正讓料理趨於完美。

因為故事的依存，食材才蘊有溫度，人與人的相遇，正是此趟旅途最好的紀念品，期盼舌尖之上的友誼，舌尖之外不斷延續。

麥田捕手：朋廚契作之旅

一個不成熟男人的標誌是他願意為某種微不足道的理由英勇地死去，一個成熟男子的標誌是他願意為同一個理由卑賤地活著。——沙林傑《麥田捕手》

麥田上的守護者，如今化為補手，展開一場小麥復耕的理想……

Э 小麥契作，種一個希望

「台灣有小麥嗎？」這個疑問大大勾起我的興趣。

故事的起頭要從胡天蘭老師開始講起，胡老師全身上下無不是俠女的作風，每回出手總讓我大開眼界，提攜後進也不遺餘力，她極為照顧我和Jimmy，時常分享一些飲食觀念，帶給我們真誠的能量。

某次記者發表會上，她介紹了「宏捷」的辜正慕先生給我認識。辜先生在麵粉界有很深的資歷，幾年前自行創業，著眼於台灣農產品結合烘焙產業的概念。

一天，他邀請我參與台灣小麥復耕的提議，令我頗為訝異。一般認知裡，小麥大多來自歐洲、北美等寒冷地區，「台灣能種小麥嗎？」這樣的疑問一直浮現腦海。聽他娓娓道來，其實早在日據時代，台灣就有種植小麥紀錄，只是光復後政府以推廣稻米為主，小麥因此停產。

現在有一小群人希望能夠復耕台灣小麥，主要原因是近年來稻米需求量降低，小麥進口量反倒增加，對台灣農民而言，農產品仰賴進口的威脅日益增高，加上進出口貿易價差問題，希望藉由復耕，能夠達到自給自足。

對於農夫而言，最大的隱憂是銷售問題，若能先確定契作買家，對他們而言猶如一劑強心針，可以安心無慮地朝理想邁進。

這份關懷台灣土地的精神，深入了解後的我大受感動，於是雙方開心訂下承諾，願意成為麥田捕手一員，開始期待契種收成那一日的到來，用在地小麥粉製作真正屬於台灣的麵包，是我對於這片土地最好的回饋。

∋ 復耕，找回麵包的靈魂

麵粉是麵包的靈魂，假使我們失去了對這片土地的信賴與關愛，任意予取予求，最終會得到什麼？

平均約六十坪大小的麥田，只能製作二十二～二十五公斤左右的麵粉，一袋二十二公斤的麵粉，十年間從兩百多塊漲到六百多塊，造成許多同業無法負荷而紛紛倒閉，心有餘悸之餘，驚覺到身為一個烘焙職人，應該要好好認識麵包的源頭。

「麵粉是怎麼來的？」「哪些地方是主要產區？」「各區的麵粉差異？」「台灣的進口麵粉有哪些？」「台灣有辦法自行生產嗎？」種種細節都是麵包美味的關鍵，卻少有人進一步深入探知。「多大的一片土地才能養活一個人？」當知道六十坪的土地只能做出一包麵粉，讓我由衷對農夫感到無限敬佩，想想實在很了不起。

我們契作的小麥採用自然農法栽種。自然農法是指種植過程中不施肥、不捕鳥、不殺蟲。「不捕鳥，稻子都被吃光；不殺蟲，稻子都損壞；不施肥，農地則沒有養分。」相信這是許多人心底的疑問，當然實際的收成不如預期的多。

可是施肥、捕鳥、殺蟲，每樣都是化學藥劑，作物生長得再好，收成再

豐盛都只是表面，當土地吸收了不好的物質，附加在作物上，最後還是回歸人類體內，飲食中的致病毒素，讓人躲不過癌症時鐘的追逐，根據衛生福利部統計，二〇一三年每五分十八秒就一人罹癌，而且連續三十四年為國人死因第一名。

從麵包的源頭把關，才能保留美味的靈魂，回到原初的健康。

○夢享，幸福的永續

當我親自走訪麥田，眼前是直接的感動，翠綠的麥稈像在對我招手。

遠處象徵「朋廚 Bonjour」的旗幟在土地上隨風吹揚，我知道這份夢想即將展翼飛翔。

我極力推倡自然農法契種的小麥，不捕鳥、不灑農藥，一年只有四個月的耕種期，其他日子就讓土地休息，進行輪耕，種植雜糧、台灣黑豆、玉米等其他作物，讓土地有不同的吸收。每一種農作物對土地所需要的養分攝取不同，輪耕和休耕可以讓土地休息，不被過度使用，這份相對用心才是永續之道。

「原來，這是本地小麥的氣息，好像在催生一個新生兒！」今年是契種第二年，去年已成功復育出一些小麥，雖然技術還不純熟，至少小麥真的種出來了，有了小麥籽才能在第二年繼續播種。今年四月才剛收割，需要讓麥穗稍加熟成才可磨粉，預計在六、七月的時候，朋廚就有以台灣小麥正式上市的麵包，令人相當期待。

當我在南台灣的烈陽下割草，穿著雨鞋踏進乾燥的小麥田，嗅聞著土壤熟悉的香味，伴著自然鮮腥的草味撲鼻而來，此時的我才真正成為一名麥田捕手，內心感到無限踏實。

拾起麥穗，回歸原物料本身，讓我將這份簡單卻不容易的美味，傳達到您的手上。

拾起麥穗，從麵包的源頭把關，才能保留美味的靈魂，回到原初的健康。

甜蜜出發，感動抵達

「當陽光自眼前升起，我明白，一切努力都值得了！」

黑暗中，揉出一道亮光

地下室幽暗密閉空間裡，慘白的日光燈投射下，一雙堅毅的手不停搓揉麵團，我低頭看著麵桿，經常一整天見不到太陽，因此立志要到一處看得見陽光、周圍盡是公園的地方開店，於是才有後來的民生店、安和店。

因為那段藏身黑暗的歲月，打磨出現在的我，採光在我尋找店面時，是一項十分重要的條件，由衷希望師傅在日光充足下和麵包親密對話，客人能在自然氛圍下與麵包開心相遇，這是一種對細節的堅持。

身為一名麵包職人，唯有懷抱甜蜜的出發點，才能在抵達終點的那一刻，沉澱出質樸而深刻的香氣，讓人完全忘卻過程的種種艱辛。

玻璃櫥窗前色彩繽紛、外型各異的麵包，滿心期待著被哪個有緣人帶走，細細品味，它們的背後都有特殊的涵義，裡面包藏許許多多動人的情節，當那份微光故事被理解，人與麵包微妙的互動，才能演繹最美的畫面。

美味，不只是記憶

「用心，才是美味的唯一配方！」

很多人吃過米其林等級的美食後，卻只有實質的飽足感，然而對於填滿心中的想望，其實往往來自最簡單的東西。

學習高竿的料理只需要熟練技法，能用高價花費品嚐的餐點已經不算稀奇，回歸原始的食材，用心做出真正讓人從心感動的食物，才是一條漫長的學習過程。

不虞匱乏的現代社會，人們還是無法滿足，嚐遍各種珍饈海味，依然無法找到最契合的心之饗宴。心靈的滿足來自於身邊最簡單的擁有，當我們意識到能夠自在行走、安心入眠、順暢呼吸就是一項美好的恩賜，就會因為一杯淡雅的清茶而感到心動。這份幸福的顫動，正是出於深刻的體會。

我想做的不只是一個記憶，而是一種感動，可以讓人品嚐後還能久久的縈迴，就算經過一段時間，依然想要再次前往的境界。

期盼藉由舌尖上的品味，享受麥香，分享希望，找回麵包的靈魂，讓幸福永續傳遞。

簡單美好的人生百味

人生彷彿一張烘焙地圖，我們渴望甜蜜出發，廣納養分，和路過的人事物產生共鳴，最後安然抵達可供心靈安住的原鄉。

我希望朋廚能夠成為您人生旅途的補給站，陽光烘焙的手作麵包，為您解除長路奔忙的辛勞與困頓，告別揮灑創意的白日，還可以是各自深夜小館最好的陪伴，獲得重新沉潛出發的動力。

華人的低調性格，習慣把感謝掛在心上，以為對方能夠理解，往往錯過了表達、溝通、懺悔、和解的最佳時機。

我鼓勵夥伴們把話勇敢說出來，因為感動和反省若不外訴，別人很難感同身受。不管是多小的事，將這股美好分享給別人，會讓能量加倍。

因此，我要大聲地感謝我的爸媽，以及一路上支持朋廚的所有夥伴及好朋友們，因為您們，才讓這份麥田不斷茁壯。

另外催生書籍的過程，如同烘焙一般，需從栽植麥苗的源頭做起，等到麥穗磨成麥粉，隨揉麵時間的溫柔呵護、發酵、撫觸、對話、聆聽、靜置及塑型，最後送入烤爐，完美計時，才能成就這番簡單卻不容易的美味。

人生，何嘗不是如此，經受淬鍊而有所成。感於接下夢想的挑戰，成果總是特別甜美。

由衷邀請您加入這場麥田圈，簡裝出發，一同感受人生百味。

朋廚門市分店資訊

基隆創始店｜基隆市仁二路 208 號（廟口商圈）
02-2428-5117

民生店｜台北市新中街 41 號（民生社區）
02-2528-9906

永春店｜台北市忠孝東路五段 446 號
（捷運板南線永春站 3 號出口處）
02-8789-1031

莊敬店｜台北市莊敬路 385 號（信義區北醫商圈）
02-2720-1195

忠誠店｜台北市忠誠路二段 188 號（天母商圈）
02-2872-9298

誠品敦南店｜台北市敦化南路一段 245 號 B1
02-2775-5977#619

誠品新板店｜新北市板橋區縣民大道二段 66 號 1 樓
02-6637-5366#108

SOGO 復興店｜台北市忠孝東路三段 300 號 B3
02-8772-4352

SOGO 天母店｜台北市中山北路六段 77 號 B1
02-2838-0702

誠品尖沙咀店｜香港九龍尖沙咀梳士巴利道 3 號 - 星光行星光城二樓 L220
852-3419-1059

誠品太古店｜香港鰂魚涌太古城道 18 號 - 太古城中心一樓 144 號鋪 L106 區櫃位
852-3419-1147

荃灣店｜香港地鐵荃灣站 TSW 7 號店
852-2217 3366

關於商品及服務相關問題，您可以透過電話或 E-mail 聯繫我們的分店
台北朋廚客戶服務專線 02-2786-1231（上班日 10：00~18：00）

Bonjour 朋廚官網：http://www.e-bonjour.com.tw/

bonjour1999　　bonjourmylife

國家圖書館出版品預行編目 (CIP) 資料

Bonjour, 夢享的出發點：許詠翔簡單卻不容易的美味 / 許詠翔作 .
-- 第一版 . -- 臺北市：博思智庫 , 民 105.11 面；公分
ISBN 978-986-92988-5-8 (平裝)

1. 點心食譜 2. 麵包
427.16   105014917

美好生活 | 21

Bonjour 夢享的出發點

許詠翔簡單卻不容易的美味

作　　者｜許詠翔
攝　　影｜朋廚烘焙坊 BONJOUR、蘇東山 iN Fleurs
行政統籌｜梁世珍
內文插畫｜黃維君
執行編輯｜吳翔逸
專案編輯｜胡　棟
資料協力｜陳瑞玲、陳浣虹
美術編輯｜蔡雅芬
行銷策劃｜李依芳

發 行 人｜黃輝煌
社　　長｜蕭艷秋
財務顧問｜蕭聰傑
出 版 者｜博思智庫股份有限公司
地　　址｜104 台北市中山區松江路 206 號 14 樓之 4
電　　話｜(02)25623277
傳　　真｜(02)25632892

總 代 理｜聯合發行股份有限公司
電　　話｜(02)29178022
傳　　真｜(02)29156275

印　　製｜永光彩色印刷股份有限公司
定　　價｜350 元
第一版第一刷 中華民國 105 年 11 月

ISBN 978-986-92988-5-8
©2015 Broad Think Tank Print in Taiwan

博思智庫股份有限公司

博思智庫粉絲團　Facebook.com/broadthinktank

Bonjour

SINCE 1999

美好的生活
從朋廚開始

Bonjour 法文的意思即
[日安、早安之意]
朋廚期待從每一天的第一聲問候開始
提供您美味用心的西點烘焙文化
我們的師傅
遠赴法國巴黎 LENÔTRE 麵包學校
瑞士琉森 Richemont 麵包學校
及日本東京製菓學校
學習正統烘焙技術
以貼近、領略現地的文化精神
帶給大家豐厚視野的健康美食文化
為了提供您最好的品質與口感
所有產品皆一個一個步驟地細心製作
Bonjour 歡迎您細細品嚐及指教

Bonjour 朋廚®烘焙坊 & CAFÉ SINCE 1999

$50元 優惠券 (使用方式請見券後說明)

民生店 | 台北市民生社區新中街41號(民生社區商圈) | 02-2528-9906
永春店 | 台北市忠孝東路五段446號(永春捷運站3號出口處) | 02-8789-1031
莊敬店 | 北市信義區莊敬路385號1樓(北醫商圈) | 02-2720-1195
忠誠店 | 台北市忠誠路二段188號(天母商圈新光傑士堡1樓) | 02-2872-9298
台北朋廚客戶服務專線(上班日10:00~18:00) | +886-2-2786-1231

百貨店別歡迎蒞臨品嚐
誠品敦南店(B1) | 02-2775-5977#619   誠品新板店 | 02-6637-5366#108
SOGO復興店(B3) | 02-8772-4352   SOGO天母店(B1) | 02-2838-0702
香港誠品尖沙咀店(2樓) | +852-3419-1059   香港誠品太古店 | +852-3419-1147
荃灣站店 | +852-2217-3366

www.e-bonjour.com.tw

Bonjour 朋廚®烘焙坊 & CAFÉ SINCE 1999

$50元 優惠券 (使用方式請見券後說明)

民生店 | 台北市民生社區新中街41號(民生社區商圈) | 02-2528-9906
永春店 | 台北市忠孝東路五段446號(永春捷運站3號出口處) | 02-8789-1031
莊敬店 | 北市信義區莊敬路385號1樓(北醫商圈) | 02-2720-1195
忠誠店 | 台北市忠誠路二段188號(天母商圈新光傑士堡1樓) | 02-2872-9298
台北朋廚客戶服務專線(上班日10:00~18:00) | +886-2-2786-1231

百貨店別歡迎蒞臨品嚐
誠品敦南店(B1) | 02-2775-5977#619   誠品新板店 | 02-6637-5366#108
SOGO復興店(B3) | 02-8772-4352   SOGO天母店(B1) | 02-2838-0702
香港誠品尖沙咀店(2樓) | +852-3419-1059   香港誠品太古店 | +852-3419-1147
荃灣站店 | +852-2217-3366

www.e-bonjour.com.tw

Bonjour 朋廚®烘焙坊 & CAFÉ SINCE 1999

$50元 優惠券 (使用方式請見券後說明)

民生店 | 台北市民生社區新中街41號(民生社區商圈) | 02-2528-9906
永春店 | 台北市忠孝東路五段446號(永春捷運站3號出口處) | 02-8789-1031
莊敬店 | 北市信義區莊敬路385號1樓(北醫商圈) | 02-2720-1195
忠誠店 | 台北市忠誠路二段188號(天母商圈新光傑士堡1樓) | 02-2872-9298
台北朋廚客戶服務專線(上班日10:00~18:00) | +886-2-2786-1231

百貨店別歡迎蒞臨品嚐
誠品敦南店(B1) | 02-2775-5977#619   誠品新板店 | 02-6637-5366#108
SOGO復興店(B3) | 02-8772-4352   SOGO天母店(B1) | 02-2838-0702
香港誠品尖沙咀店(2樓) | +852-3419-1059   香港誠品太古店 | +852-3419-1147
荃灣站店 | +852-2217-3366

www.e-bonjour.com.tw

Bonjour 朋廚® 烘焙坊 & CAFÉ SINCE1999

使用店別

民生店/永春店
莊敬店/忠誠店

使用期限

至2017.12.31止

012345678

折價券使用注意事項

1. 使用期間：以本公司戳章為準，逾期作廢，詳見券後戳章。
2. 使用店別：以本公司戳章為準，不得跨店使用，詳見券後戳章。
3. 本券為贈品，只可折抵消費金額，不能兌換現金、不可找零，使用時不開立發票。
4. 本券只適用於朋廚自製商品，外購商品不得折抵。
5. 本券不得與其他優惠活動合併使用。
6. 本券限單筆交易超過100元方可折抵，單筆金額可以累計計算。
7. 本券必須蓋有朋廚鋼印，任意塗改、影印或複製皆無效，遺失亦不得補發。
8. 本公司保有修正、暫停、終止折價券使用之權利。

Bonjour 朋廚® 烘焙坊 & CAFÉ SINCE1999

使用店別

民生店/永春店
莊敬店/忠誠店

使用期限

至2017.12.31止

012345678

折價券使用注意事項

1. 使用期間：以本公司戳章為準，逾期作廢，詳見券後戳章。
2. 使用店別：以本公司戳章為準，不得跨店使用，詳見券後戳章。
3. 本券為贈品，只可折抵消費金額，不能兌換現金、不可找零，使用時不開立發票。
4. 本券只適用於朋廚自製商品，外購商品不得折抵。
5. 本券不得與其他優惠活動合併使用。
6. 本券限單筆交易超過100元方可折抵，單筆金額可以累計計算。
7. 本券必須蓋有朋廚鋼印，任意塗改、影印或複製皆無效，遺失亦不得補發。
8. 本公司保有修正、暫停、終止折價券使用之權利。

Bonjour 朋廚® 烘焙坊 & CAFÉ SINCE1999

使用店別

民生店/永春店
莊敬店/忠誠店

使用期限

至2017.12.31止

012345678

折價券使用注意事項

1. 使用期間：以本公司戳章為準，逾期作廢，詳見券後戳章。
2. 使用店別：以本公司戳章為準，不得跨店使用，詳見券後戳章。
3. 本券為贈品，只可折抵消費金額，不能兌換現金、不可找零，使用時不開立發票。
4. 本券只適用於朋廚自製商品，外購商品不得折抵。
5. 本券不得與其他優惠活動合併使用。
6. 本券限單筆交易超過100元方可折抵，單筆金額可以累計計算。
7. 本券必須蓋有朋廚鋼印，任意塗改、影印或複製皆無效，遺失亦不得補發。
8. 本公司保有修正、暫停、終止折價券使用之權利。

Bonjour 朋廚® 烘焙坊 & CAFÉ SINCE1999

使用店別

民生店/永春店
莊敬店/忠誠店

使用期限

至2017.12.31止

012345678

折價券使用注意事項

1. 使用期間：以本公司戳章為準，逾期作廢，詳見券後戳章。
2. 使用店別：以本公司戳章為準，不得跨店使用，詳見券後戳章。
3. 本券為贈品，只可折抵消費金額，不能兌換現金、不可找零，使用時不開立發票。
4. 本券只適用於朋廚自製商品，外購商品不得折抵。
5. 本券不得與其他優惠活動合併使用。
6. 本券限單筆交易超過100元方可折抵，單筆金額可以累計計算。
7. 本券必須蓋有朋廚鋼印，任意塗改、影印或複製皆無效，遺失亦不得補發。
8. 本公司保有修正、暫停、終止折價券使用之權利。

Bonjour

SINCE 1999

**美好的生活
從朋廚開始**

Bonjour 法文的意思即
[日安、早安之意]
朋廚期待從每一天的第一聲問候開始
提供您美味用心的西點烘焙文化
我們的師傅
遠赴法國巴黎 LENÔTRE 麵包學校
瑞士琉森 Richemont 麵包學校
及日本東京製菓學校
學習正統烘焙技術
以貼近、領略現地的文化精神
帶給大家豐厚視野的健康美食文化
為了提供您最好的品質與口感
所有產品皆一個一個步驟地細心製作
Bonjour 歡迎您細細品嚐及指教